# 儿童，天然的现象学家
## 梅洛-庞蒂心理学中根本的和原初的经验

［美］塔莉娅·威尔士（Talia Welsh） 著
吴娱 译

著作权合同登记号 图字：01-2024-4147

图书在版编目（CIP）数据

儿童，天然的现象学家：梅洛–庞蒂心理学中根本的和原初的经验 /（美）塔莉娅·威尔士（Talia Welsh）著；吴娱译. -- 北京：北京大学出版社，2025.7. -- ISBN 978-7-301-36256-3

Ⅰ. B844.1

中国国家版本馆 CIP 数据核字第 202565P4J2 号

*The Child as Natural Phenomenologist Primal and Primary Experience in Merleau-Ponty's Psychology* by Talia Welsh
Licensed by Northwestern University Press, Evanston, Illinois, U.S.A
Copyright © 2013 by Northwestern University Press, Published 2013.
Simplified Chinese Edition © 2025 Peking University Press
All rights reserved.

| | |
|---|---|
| 书　　名 | 儿童，天然的现象学家：梅洛–庞蒂心理学中根本的和原初的经验<br>ERTONG, TIANRAN DE XIANXIANG XUEJIA: MEILUO–PANGDI XINLIXUE ZHONG GENBEN DE HE YUANCHU DE JINGYAN |
| 著作责任者 | ［美］塔莉娅·威尔士（Talia Welsh）著　吴　娱 译 |
| 责 任 编 辑 | 张晋旗 |
| 标 准 书 号 | ISBN 978-7-301-36256-3 |
| 出版发行 | 北京大学出版社 |
| 地　　址 | 北京市海淀区成府路 205 号　100871 |
| 网　　址 | http://www.pup.cn　新浪微博 @ 北京大学出版社 |
| 电 子 邮 箱 | 编辑部 wsz@pup.cn　总编室 zpup@pup.cn |
| 电　　话 | 邮购部 010-62752015　发行部 010-62750672<br>编辑部 010-62750577 |
| 印 刷 者 | 北京中科印刷有限公司 |
| 经 销 者 | 新华书店 |
| | 650 毫米 ×965 毫米　16 开本　16.75 印张　186 千字 |
| | 2025 年 7 月第 1 版　2025 年 7 月第 1 次印刷 |
| 定　　价 | 69.00 元 |

未经许可，不得以任何方式复制或抄袭本书之部分或全部内容。
**版权所有，侵权必究**
举报电话：010-62752024　电子邮箱：fd@pup.cn
图书如有印装质量问题，请与出版部联系，电话：010-62756370

# 序　言

  在二十世纪哲学发展中，现象学构成一种独特的做哲学的风格。这种做哲学的风格召唤所有现象学家不带偏见地返回实事本身，同时也返回主体对实事的直观经验。现象学所谓的现象正是在与主体关联中的实事之自我显现。作为现象学运动的创立者，胡塞尔穷其一生指出现代自然科学不但无法真正阐明现象，反而因其客观主义偏见扭曲并遮蔽着现象。现象学家之所以如此着迷于现象，这既非源自对现代生活的抗议也非源自对异域风情的猎奇。相反，现象学家对现象的澄清深刻根源于反思理性生命的哲学使命与勇气。经过百余年的发展，现象学不断敞开不同类型的现象，由此也发现与之关联的不同主体含义。

  在胡塞尔的追随者中，法国哲学家梅洛－庞蒂毫无疑问是最为恪守现象学精神的一位。无论在其前期出版的巨著《知觉现象学》中还是后期遗稿《可见与不可见》中，梅洛－庞蒂始终都在返回到事物、真与善之理性意涵自我显现的原初时刻，都在克服客观主义的独断偏见从而揭示客观性本身的先验条件，都在向我们重新敞开认知与行动的任务。相较于胡塞尔，梅洛－庞蒂格外引人注目地强调现象学还原之不可穷尽性并由此凸显意识生命自我理解的有限。正因为这种自我理解的限度，主体性生命在梅洛－庞蒂看来不仅脆弱而且始终带着无法窥测其深度的神秘根源。然而，这份神秘绝不意味着排斥主体的黑暗深渊，而是主体性生命不断创获新生的动力之源。梅洛－庞蒂对主体有限性的深刻洞见既要求也来自其以现象学方式对同时代心理学及其他研究人的科学之深入涉猎。在梅洛－庞蒂广泛的跨学科探索中，儿童心理学具有独特的理论地位。正如本书作者威尔士指出的，早年短暂的儿童经验构成我们理解人类状况的"根本与原初"经验。在威尔士看来，梅洛－庞蒂现象学的当代价值在于启发我们克服客观主义偏见并真正阐明儿童经验的"组织性、（社会）交互性与独一无二"特征。本书对梅洛－庞蒂儿童心理学的精彩阐述主要依赖后者于1949—1952年间在索邦大学开设的《儿童心理学与教育学》课程的讲稿。但作者并未拘泥于梅洛－庞蒂的具体结论，而是遵循后者的现象学精神把其主要论题纳入到当代科学与哲学论争的语境中。威尔士的当代阐发让我们更加由衷赞叹梅洛－庞蒂在近四分之三个世纪前的睿智与洞见。

　　威尔士的这部作品呈现的并不是传统的先验现象学，而是研究儿童经验的现象学心理学。尽管胡塞尔前期彻底批判逻辑心理主义，但他从不认为现象学与心理学之间的关系是简单的非此即彼。晚年胡塞尔更加明确地指出现象学心理学是通达先验现象学的必由之路。借助对梅洛－庞蒂儿童心理学的阐释，威尔士

## 序 言

的这部作品向我们具体展示出现象学心理学的开阔论域与方法论特质。先前，我们围绕胡塞尔的先验现象学出版了贝耐特的《语言、经验与哲学》研究文集。现在，我们非常高兴把威尔士的《儿童，天然的现象学家》这部力作纳入规划中的"北大现象学研究文丛"系列。

本书译者吴娱博士从本科阶段就开始潜心研究梅洛－庞蒂现象学。她的博士论文集中探索梅洛－庞蒂的主体间现象学理论。由于吴娱博士浓厚的理论兴趣与坚实的专业基础，我特意委托她帮助翻译这部颇具创见的现象学著作。在审校阶段，我通读了她的译文。我相信她准确细腻的文笔会为读者理解威尔士女士的英文原作带来极大的帮助。在此，我对吴娱博士的精彩翻译表示衷心感谢！在获取原书版权过程中，威尔士女士提供了重要帮助。另外，本书翻译与出版也受到本人"四个一批"人才项目的资助。在此一并表示感谢。最后，我期待，在人工智能迅猛发展的浪潮中，威尔士这部当代现象学心理学著作能够帮助我们更加深入理解人的状况。

刘 哲

北京大学外国哲学研究所

# 目 录

导　言　一位乐于观察的哲学家 / 001

第一章　儿童心理学的早期研究 / 019
　　　　意识与行动 / 020
　　　　初生知觉 / 025
　　　　发展 / 037

第二章　现象学、格式塔理论和精神分析 / 047
　　　　现象学 / 047
　　　　格式塔理论 / 060
　　　　精神分析 / 066

第三章　混沌社交性与自我的诞生 / 081
　　　　混沌社交性 / 082
　　　　自我觉察和他者觉察的诞生 / 100

## 第四章　当代心理学和现象学研究 / 121

新生儿模仿 / 123

心智理论 / 136

互动理论与对话相关性 / 144

## 第五章　探索与学习 / 170

神奇的思维与科学的思维 / 171

儿童绘画与成人视觉中心主义 / 181

## 第六章　文化、发展与性别 / 198

发展与月经案例 / 201

怀孕与性别 / 207

当代女性主义观点 / 215

## 结　论　无与伦比的童年 / 231

参考文献 / 239

索　引 / 247

译后记 / 255

## 导言　一位乐于观察的哲学家

弗兰纳里·奥康纳（Flannery O'Connor）[1]写道："事实上，任何度过童年的人，都拥有足够的生活知识来度过余生。"（1969，84）在一本书的开端就断言童年和我们对人类状况的理解息息相关，似乎有些老生常谈。当然，童年极大程度地塑造了我们成年后对世界的经验。一个人出生时的处境——遗传、家庭、阶级、文化环境——开启了一个人不得不延续的历史。叛逆永远是对过去的叛逆；即使我们通过拒绝过去来定义自己，叛逆也是不可避免的。在成年生活中，童年之所以存在，不仅因为它或好或坏地构成了我们的身份，还因为我们会在人际交往中将其展现出来。我们的人际关系中充满了对自己童年的讨论。我们在新的友谊中比较过去的幽默和悲伤故事。我们与自己的孩子一起重温过去，想知道我们是否应该用与自己不同的方式来教育他们，想知道我们的行为会对他们产生多大的影响。

人们对童年的浓厚兴趣不仅停留在日常生活中。儿童心理

---

[1] 玛丽·弗兰纳里·奥康纳，美国小说家和散文家。——译者注

学的学术研究是如此多样化和专业化,以至于没有一个人能奢望掌握与儿童有关的海量同行评议文章和文献。然而,尽管童年显然对我们的自我认识至关重要,但我们真的能够有意义地谈论儿童的**经验**(experience)吗?我只能通过记忆来了解童年的自我,而那些记忆的真实性往往值得怀疑。由于我对童年的看法会随着我成年后生活的变化而改变,因此似乎不可能说出我两岁、五岁或十岁时生活的真实情况。任何关于童年的学术研究似乎都完全脱离了儿童的经验。我们怎么能说出儿童——尤其是语前儿童(preverbal)或仅具有最低语言能力的儿童(minimally verbal)——的感受、想法、愿望和认知呢?

本书通过莫里斯·梅洛-庞蒂(Maurice Merleau-Ponty)的跨学科儿童心理学研究工作来探讨儿童的经验。这些工作承认进入儿童世界的困难,但鼓励我们采用现象学的方法来克服这些挑战,并拒绝将儿童对象化。在这些工作的进程中,梅洛-庞蒂发现对童年的研究为成人的具身经验的本性(nature)带来了启发。我们的具身存在并不是对人类状况进行科学解释的限制,而是其基础。在1948年的一次广播讲话中,梅洛-庞蒂解释说:"我们不能再自以为是地认为,在科学中,纯粹的、无处境(unsituated)的理智可以让我们接触到一个没有任何人类痕迹的对象,就像上帝看到的那样。"(2004,44-45)我们必须从"经验"这样含混且难以量化的东西入手,这一事实不应让我们觉得它不科学,反而应该让我们避免未经质疑地相信科学的"客观性"。

我们的身体经验从未被如此深入地研究过。神经学、遗传学、心理学和精神病学批判我们的哲学先辈，因为那些先辈们错误地认为理智问题与物理－心理的存在所关注的那些过于人性的问题（questions of the all-too-human）无关。[1]我们认识到，我们的心理和身体发展会影响成年之后的反应。遗传学的研究让我们重新审视和质疑有关我们自由的假设，对人类发展的研究也让我们质疑，是否可以仅通过研究成人来了解动机、性格、自由和主体间性的本性。对人类发展的研究有助于勾勒出塑造人类经验的多重影响，这些影响的范围从生理和心理的重要性到文化、语言和环境。为了避免在研究儿童经验时遇到的挑战，人们当然可以假设儿童经验的诸相关方面会在成人身上重现。然而，儿童固然活在成人之中，但只研究成年经验的方法却无法理解儿童**如何**活在成人之中。我们需要一种现象学——一种对儿童世界的探索。

梅洛－庞蒂的著作中有大量心理学、社会学和人类学方面的论述。他在讨论儿童经验、人类发展、社会和文化规定以及科学研究的作用时，他的研究方法具有很强的跨学科和兼收并蓄的特点。梅洛－庞蒂将各种不同的研究资源融会贯通，从而考虑

---

[1] 在当代这股希望瓦解二元论倾向的浪潮中，有三个广受欢迎的例子：史蒂文·平克（Steven Pinker）的《白板》（*The Blank Slate*, 2002）、安东尼奥·达马西奥（Antonio Damasio）的《笛卡尔的错误：情感、理性与人脑》（*Descartes' Error: Emotion, Reason, and the Human Brain*, 1994）和理查德·道金斯（Richard Dawkins）的《自私的基因》（*The Selfish Gene*, 1976）。肖恩·加拉格尔（Shaun Gallagher）的《身体如何塑造心灵》（*How the Body Shapes the Mind*, 2005）则从一种更现象学导向的视角对这一趋势进行了阐释。

到文化影响是如何在童年经验和我们对童年经验的研究中打下烙印的。心理学本身也不能幸免于文化的过度规定。通过描述他对认知心理学的批判以及对格式塔理论和精神分析的赞赏，本书探讨了梅洛－庞蒂的工作，研究了其如何论证我们生命最初经验的关键的现象学重要性。因为这些经验构成了我们日后有意识的成人生活所赖以建立的原初的、史前的基础，所以早年生活与我们的知识论和心理学都息息相关。

鉴于梅洛－庞蒂处于现象学和后现代主义两大传统的交汇点，我们很难概括他的现象学和心理学著作。我们可以把梅洛－庞蒂描绘成埃德蒙德·胡塞尔（Edmund Husserl）遗产的继承者。如果我们把注意力集中在他的巨著《知觉现象学》（*Phenomenology of Perception*，1945）上，就会发现他对知觉本质进行了卓有成效的原创性研究。梅洛－庞蒂扩展了胡塞尔的现象学，宣称现象学的还原总是未完成的。他的创新性跨学科方法利用了各种实验研究和心理学理论。无论梅洛－庞蒂是通过胡塞尔被视为笛卡尔－康德传统的延续，还是被视为创造了一种严肃现象学的替代概念，这一解释线索都强调了他的现象学倾向。另一种解释则将梅洛－庞蒂视为后现代主义的先驱，将其遗作《可见与不可见》（*The Visible and the Invisible*，1968）置于中心位置。梅洛－庞蒂令人回味的"肉身"概念，他对心灵与身体以及身体与世界之间界限的瓦解，显然使他超越了传统现象学的知识论关切。

梅洛－庞蒂的著作对具身化理论、现象学和认知科学的跨学科研究具有启发性，但他的著作中有一个方面在二手文献中受到的关注相对较少，那就是梅洛-庞蒂的儿童发展心理学。在二十世纪上半叶心理学和精神分析学的研究蓬勃发展之后，今天几乎所有思想家都赞同童年对个体发展的重要性。人们普遍认为，早期儿童阶段对个体主体性的构建具有决定性的影响，早期儿童阶段受到的创伤、伤害或虐待通常比成年后的创伤更容易导致病态行为。然而，童年经历是否具有更广阔的哲学意义呢？鉴于人们对梅洛-庞蒂作品的接受大多基于他的哲学著作，他的心理学仅仅被看作是为其主要现象学论题——关于主体间性和我们的具身化条件——提供实例。

本书从梅洛-庞蒂的儿童心理学入手，简明扼要地阐述了梅洛-庞蒂对儿童发展的理解，以拓展当前的研究，并说明为什么梅洛-庞蒂的心理学本身就是对人类状况的一种令人信服的独特描述。为了让梅洛-庞蒂的新读者和心理学学者都能读懂这本书，我在写作时尽量少用专业术语。《儿童心理学与教育学：1949—1952年索邦讲座》（*Child Psychology and Pedagogy: The Sorbonne Lectures 1949-1952*，2001；英译本，2010年）是本书的主要参考资料。梅洛-庞蒂的这些讲座内容非常丰富，英文版长达459页。它们是实验工作、实地研究和理论的富有说服力的丰硕成果。在这些讲座中，梅洛-庞蒂会引用、分析和批判二十多位心理学家、人类学家、神经学家、文学家和哲学家的观点，他时而对这些人物的作品进行详细解释，时而只用姓氏一笔带过。我没有对梅洛-庞蒂的所有文献进行研究，而是集中研究了那些与澄清他自己的理论最相关的文献。当需要阐明某个特定主题时，我引述了一些当代研究成果。这本书是第一本关于梅洛-庞蒂儿童心理学的专著，我预计，在过去和当代的著作中，有许多丰富的参考文献都将在以后得到探讨。

我将重点放在梅洛-庞蒂儿童心理学的一个核心解释上：儿童的经验是有组织的、具有社会互动性和独特的。梅洛-庞蒂试图在人类学和社会学研究与心理学和哲学研究之间取得平衡。前者的研究展示了成人与儿童之间的冲突、我们的教养方式以及我们的童年理论的文化定位，而后者则倾向于将人类经验普遍化，以理解其基本性质。通过对格式塔理论和实验研究的关注，梅洛-庞蒂阐明了儿童经验是如何组织起来的。儿童的经验本质上是社会互动的，这一观点是主体间经验的悠久历史的基础，而主体间经验先于我们在经典心理学和哲学著作中发现的更为抽象的理智形式。儿童并非全神贯注于内心世界，而是参与进世界之中，在和他人打交道。儿童是解释世界的积极参与者，而不是文化信息的被动接受者。最后，童年是独一无二的这一观点突出了梅洛-庞蒂对心理学的指控的关键部分，即心理学在试图将童年理解为成年经验的前体（precursor）时，必须避免贬低童年。儿童不是最小化的成人，而是具有自己独特的互动和理解方式的存在。

尽管梅洛-庞蒂在其工作中多次讨论过儿童经验，但对儿童心理最全面的研究是在索邦大学的儿童心理学和教育学讲座中。梅洛-庞蒂于1945年出版了《知觉现象学》。几年后，他

## 导言　一位乐于观察的哲学家

于1947年出版了《人道主义与恐怖》(*Humanism and Terror*)，1948年出版了《意义与无意义》(*Sense and Non-Sense*)。1949年，梅洛-庞蒂进入索邦大学心理学研究所任教，讲授发展心理学和教育学的课程，直至1952年被任命为法兰西学院哲学讲座教授。之后，他一直在法兰西学院工作，直到1961年英年早逝。让·皮亚杰 (Jean Piaget) 曾在索邦大学担任儿童心理学教授一职，梅洛-庞蒂在讲座中用了大量篇幅批评皮亚杰。在索邦大学，梅洛-庞蒂并不像在法兰西学院时那样，可以就自己选择的任何主题自由讲课[1]，而是为心理学和教育学专业的学生准备一系列综合考试而授课。

虽然还有其他的讲课笔记，但最权威、最全面的学生笔记的版本是经梅洛-庞蒂本人核准的，从1949年到1952年，每隔几周就在《心理学公报》(*Bulletin de Psychologie*; 前身为《巴黎大学心理学研究小组公报》[*Bulletin du groupe d'études de psychologie de L'université de Paris*]) 上发表一次。1964年，《心理学公报》收集了这些笔记，以《梅洛-庞蒂在索邦：由学生起草并经他本人核准的课程摘要》为题全文出版。这本书后来被维迪埃出版社 (Verdier) 收购，于2001年被冠名为《儿童心理学与教育学：1949—1952索邦课程》而出版。这些笔记的英译本于2010年出版，名为《儿童心理学与教育学：1949—1952年索邦讲座》。

---

[1] 梅洛-庞蒂在法兰西学院的课程笔记译本见罗伯特·瓦利埃 (Robert Vallier) 2003年的译本：《自然：法兰西学院课程笔记》(*Nature: Course Notes from the Collège de France*)。

该讲座中的第一讲和最后一讲的完整英文版曾作为《意识与语言的习得》(Consciousness and the Acquisition of Language, 1979) 和《他人的经验》(The Experience of Others, 1982—1983) 出版，前者由休·J. 西尔弗曼（Hugh J. Silverman）翻译，后者由休·J. 西尔弗曼和弗雷德·埃文斯（Fred Evans）合译。此外，《知觉的首要地位》(The Primacy of Perception) 一书还包含两篇演讲：《儿童与他人的关系》("The Child's Relations with Others", 1964a)，由威廉·科布（William Cobb）翻译；《现象学与人的科学》("Phenomenology and the Science of Man", 1964c)，由约翰·怀尔德（John Wild）翻译。读者会注意到，《知觉的首要地位》中的讲座与 2010 年出版的《儿童心理学与教育学：1949—1952 年索邦讲座》中发表的讲座内容有很大不同。科布和怀尔德的译文基于索邦大学文献中心提供的材料，而非 1964 年后法文版本中的材料。

即使考虑到梅洛-庞蒂在索邦大学的职位限制了他的讲座材料，这些讲座在今天仍然具有现实意义，这是有很多原因的。首先，这些讲座扩展了我们对梅洛-庞蒂以及战后法国心理学和哲学的研究。我们发现，梅洛-庞蒂是第一个在这些讲稿中向法国学术界介绍诸多理论家的学者。例如，他是第一个讨论雅克·拉康（Jacques Lacan）的家庭情结理论的人，也是第一个对梅兰妮·克莱因（Melanie Klein）进行全面介绍的人。梅洛-庞蒂还对发展心理学进行了独特的解读。其次，梅洛-庞蒂勾勒出了哲学、实验心理学、田野研究和临床工作的真正跨学科研究。梅洛-庞蒂真正参与了非哲学工作,而不是寻找已经支持他的论点的实验。法国精神分析学家让·拉普兰什(Jean Laplanche)就是这样称赞梅洛-庞蒂的:

> 我的第二个题外话是想指出,我们可以从梅洛-庞蒂的讲稿(索邦大学讲稿)中学到很多东西。一位乐于观察的哲学家!一个对临床观察、儿童的具体实验以及人类学家的观察感兴趣的哲学家。(1989,92)

鉴于当代哲学和人文科学研究的兴起,梅洛-庞蒂的讲座为我们提供了一种可供效仿的早期方法。作为现象学家,梅洛-庞蒂以一种自索邦大学讲座以来极少再现的方式参与心理学研究。

心理学、人类学和历史学的方法是不可或缺的,因为它们涉及主体的认知和身体发展,以及主体"世界间的"(interworldly)处境之本性。有鉴于此,心理学所提供的对于主体之发展性解释的重要性不言而喻。既然人类条件是一种历史性的、具身化的条件,那么就必须探讨这种条件的起源——童年。梅洛-庞蒂尤其倾向于对童年进行积极的描述。梅洛-庞蒂并没有把儿童想象成一个全神贯注于内心世界的存在,而是进一步阐述了儿童的行为是其沉浸于世界并与世界建立联系的结果。儿童的行为并不只是由一系列混乱的内在冲动造成的,而这些冲动后来被成人所掌控;儿童是与社会环境互动的。诚然,儿童的参与并不像我们在成人行为中看到的那样,是一种有自我意识的参与行为,但如果因此就断定儿童的反应一定只是生理反射或本能冲动，那就是我们想象力的局限了。

梅洛-庞蒂借鉴了精神分析的儿童发展理论和格式塔理论的背景经验概念，较少关注病理学如何起源于童年创伤，而更多地关注童年经验如何揭示出一种原初的有意义的经验，这种经验为成年经验提供了基础，从而使我们继续投入到这段往往相对短暂的生命中。在我们的日常经验中，我们可能会假定，儿童对其经验的理解和组织是有意义的，因为它与我们的经验近似。梅洛-庞蒂致力于从儿童自身的角度来欣赏他。他认为，儿童的组织形式有其自身的形式，有时甚至比我们更复杂的组织形式更贴近直接经验。虽然梅洛-庞蒂认可心理学、人类学和社会学研究的价值，但他对过度概括人类发展的尝试持批判态度。我们可以将某些冲突（如成人-儿童、男性-女性的冲突）视为普遍的，但不能将这些冲突的内容或形态视为普遍的。他对当代实验研究的兴趣促使我们根据自1952年以来大量的幼儿发展研究和性别研究工作来审视他的一些观点。我们会发现，他的某些主张需要修正，尤其是他关于幼儿无法进行视觉感知的观点，但我坚持认为，索邦讲座时期的梅洛-庞蒂会紧跟研究趋势，并很可能会根据当代现象学思想修正自己的理论。

**儿童作为天然现象学家**

本书的第一章"儿童心理学的早期研究"探讨了梅洛-庞

蒂在索邦大学任职之前的心理学研究。尽管《行为的结构》(*The Structure of Behavior*)和《知觉现象学》这两本与心理学讨论相关的著作并不主要涉及早期经验，但它们确实为梅洛-庞蒂对儿童经验的看法奠定了基础，而这种看法在他的研究过程中基本保持一致。对梅洛-庞蒂来说，使用心理学并不是为了肯定心理学的有效性或超越哲学的价值，而是为了表明，如果哲学要认真对待人类真实的、具体的、历史性的处境，就必须从活生生的、在处境中的主体开始。在这方面，一门理解恰当的心理学和现象学是一致的。在这些著作中，梅洛-庞蒂提出了这样一种理论，即我们可以把儿童的感知和行为理解为我们日常经验中首要的和原初的东西。与科学心理学的某些观点相反，梅洛-庞蒂认为儿童的世界是有组织和有意义的，即使它的结构与成人的世界不同。这种模式与那种认为儿童生活在情感和感觉混乱状态的理论相悖。梅洛-庞蒂还提出了关于早期社会关系性质的初步讨论思路，并认为如果没有儿童与他人的未经反思的共同体意识，我们将很难解释主体间性的起源。

第二章"现象学、格式塔理论和精神分析"开启了对《儿童心理学与教育学：1949—1952年索邦讲座》的深入讨论。梅洛-庞蒂探讨了现象学与心理学之间的关系，并断言它们可以而且应该成为相互关联的事业，以解决相同的存在问题。梅洛-庞蒂对现象学的目标进行了存在主义的解读。虽然他承认胡塞尔的文本在这一问题上存在分歧，但他不仅认为心理学在适当的情况下可以与现象学并行不悖，而且认为现象学需要与经验事实保持联系。一位优秀的心理学家需要谨慎地通过对特定案例的详细研究来探讨经验的条件，而不是假定客观性是在对许多案例的大量研究中发现的。就后者而言，如果不承认我们自身的情况影响了我们的研究性质，就很难证明我们对这些研究的解释是正确的。但同样，哲学家也必须对人文科学的观察和研究持开放态度，因为没有这些研究，她就很难全面描述人类的状况。即使是最抽象的哲学也是从人类状况中找到其源头的。梅洛－庞蒂认为，儿童生活在一个结构化的世界中，而格式塔理论中关于我们知觉经验背景的概念正是与这一概念相吻合的。儿童的世界是原初的，但这并不是说它是混乱和无序的。虽然我们的成年经验会让我们认为儿童的经验比我们的经验更少、发展程度更低，但梅洛－庞蒂对儿童的看法表明，儿童的经验与我们的经验有很大不同，而不是简化了的成年经验。精神分析是梅洛－庞蒂童年理论的另一个主要影响因素，他用矛盾性（ambivalence）的观念重新发展了弗洛伊德的无意识概念。梅洛－庞蒂认为，矛盾性更好地捕捉到了我们是如何受到影响的——并不是由于隐藏在我们内心深处的东西（如深层无意识），而是由于我们经验表层的东西，使得我们难以将经验对象化。我们发现，病态的产生并非源于秘密的驱动力，而是源于不相容的经验结构。在本章中，我们看到梅洛－庞蒂对这三种理论进行了修正，使它们不再是权威的形式，并发现它们是有助于揭示儿童的世界和人类的发展的可相容的工具。

第三章"混沌社交性与自我的诞生"探讨了我们最早的生活是社交性的、共享的，但不是主体性的这一论题。我们目睹了婴儿的主体间行为；婴儿反应灵敏，参与度高。梅洛-庞蒂并没有将此视为原自我（proto-self）和他者觉察（other-awareness）的证据，而是讨论了一种混沌性、互易式的（transitive）经验的概念。这种交融的社交性充实了前几章所探讨的背景经验概念。这一理论认为，社会觉察先于我们的自我觉察感（sense of self-awareness），并且是这种自我觉察感的基础，而不是将主体间性视为首先需要主体性觉察。为了解释自我意识的涌现，梅洛-庞蒂借鉴了亨利·瓦隆（Henri Wallon）和雅克·拉康关于镜像阶段的理论。镜像阶段让儿童开始了解自己的身体位于某个地方，是他人的一个对象。它使儿童开始能够将自己表征为众多事物中的一个。梅洛-庞蒂重申了这一阶段的重要性，它将儿童带出了她最初的交融体验。此外，他还为关于早期自我觉察的讨论增加了一个重要维度：镜像阶段首先是关于**他人的**镜像。婴儿首先关注镜中父母的形象，然后将自己的形象与父母的形象进行比较。镜像阶段帮助我们了解由父母和儿童这两个镜像所中介的比照性角色，而不仅仅是关于个体的自我认知和意识。梅洛-庞蒂将自我（ego）的发展描述为脆弱和不稳定的，因为镜像引入和要求的经验是不一致的。婴儿被夹在镜中的图像——一个统一的、有位置的身体——和她原始的、广阔的身体状态之间。本原的、首要的经验并不是作为被限定的、空间上被定位的身体而与世界相遇。镜像阶段在"新的"主体生命——其他诸多主体中的一个主体——与本原的混沌生命之间造成了永远无法完全克服的裂痕。镜像阶段证实，自我觉察的出现永远无法完全克服混沌社交性。

第四章"当代心理学和现象学研究"提出了一个问题：根据当代研究，我们是否需要修正梅洛-庞蒂关于我们早期经验的结论？对婴儿早期生活的全面研究表明，婴儿并非在视觉上是无觉察的（visually unaware），也并非不能模仿他人，实际上，婴儿很有能力控制某些姿势。这使得许多研究人员提出，婴儿存在一种原初的主体间性，因此，我们来到这个世界时就具有一种原初的自我觉察感和他者觉察感。首先，我们讨论一下主要的主体间性的实验研究——有关新生儿和早期模仿的研究。这些研究表明，婴儿能够模仿面部动作，我们有充分的理由认为这不是一种天生的释放机制（innate-releasing mechanism）。其次，本章第二节探讨了对这些研究的一种常见解释——主体间性是由心智理论支配的。心智理论认为，为了解释模仿，我们必须假定主体间的基本行为是建立在对他人的心灵状态进行"理论化"的能力之上的。最后，第三部分探讨了让简单解读新生儿模仿复杂化的实验工作，以及两位当代现象学作者——肖恩·加拉格尔（Shaun Gallagher）和贝亚塔·斯塔沃斯卡（Beata Stawarska），他们的文章展示了发展心理学和现象学的跨学科工作的当代案例。加拉格尔的互动理论让我们更好地理解了人类和婴儿主体间性的本性，也为新生儿模仿研究与其他发展研究之间的联系提供了更富有成效的方法。斯塔沃斯卡的对话现象学揭示了我们对婴儿早期模仿研究的关注需要强调照料者与婴儿互动中的"我-你"的前语言交流，而不是心智理论或主体性现象学。尽管强调早期经验的独特性仍然很重要，但梅洛－庞蒂寻求的是一种更具社交性、更少唯我论的发展描述。我认为，鉴于他对当代经验研究的浓厚兴趣，他很可能会遵循这种对婴儿早期经验的现象学解释，但他仍然希望保留混沌社交性的概念，以解释我们互动的社会生活的某些方面，而主体间性的解释并不能完全捕捉到这些方面。

第五章"探索与学习"研究了儿童感知和理解世界的两个例子：绘画和对魔术的解释。从这些例子中，我们可以看到，如果允许儿童自由表达，他们会自然而然地沉浸于体验中，并对令人惊讶的现象做出合理的解释。梅洛－庞蒂反对让·皮亚杰关于儿童是天然的形而上学者的说法，他更多地把儿童描绘成天然的现象学家。梅洛－庞蒂指出，研究者往往对自己的形而上学假设视而不见，并认为儿童不认同这些假设的事实表明儿童对自己的知觉不够专注。在梅洛－庞蒂看来，儿童对自己的经验有一种自然的参与，这种参与在成人那里是潜移默化地发生的。梅洛－庞蒂对描述童年经验特别感兴趣，认为童年经验是连贯的，植根于世界之中。他将这种观点与那些认为儿童容易创造幻想世界或难以理解其知觉的理论形成对比。因此，儿童和成人的创造性表达通常可以最好地理解为诉诸这种更原始的经验形式，而不是幻想性的心灵创造。本章还探讨了梅洛－庞蒂的判断，即儿童的知觉——从根本上说，我们自己的知觉——是联觉的（synesthetic）。关于儿童知觉的深入研究，对我们关于经验的一般哲学概念是具有启发性的。

最后一章"文化、发展与性别"论述了梅洛－庞蒂如何将社会文化规范的影响和身体发展的路径纳入其理论。在考虑生物学与文化的交汇时，关于性别的讨论尤为有趣。本章探讨了他著作中的两个例子：月经和怀孕。月经的例子凸显了梅洛－庞蒂并不认为生理成熟等同于心理成熟。心理成熟可以先于生理转变，也可以落后于生理发展。此外，梅洛－庞蒂还参考西蒙娜·德·波伏娃（Simone de Beauvoir）的观点，讨论了在女性机会很少的社会中，这种转变可能在女性的一生中都是矛盾的根源。怀孕的例子探讨了，如果不考虑母亲的处境就无法理解儿童的成长。我们发现，母亲的经历反映了之前谈到的一些混沌社交性语言。怀孕就是一个很好的例子，它说明了以主体为中心来理解我们的经验是多么困难。最后，我将讨论当代女性主义学者对梅洛－庞蒂和怀孕具身化的研究。当代研究更深入地讨论了怀孕经验如何挑战我们对一种性别中立现象学的理解，以及提请我们注意考虑产前和产后发展的必要性。

本书旨在向有兴趣了解现象学方法对发展理论有何贡献的社会科学界人士，以及对梅洛－庞蒂的跨学科研究感兴趣的哲学界人士，介绍梅洛－庞蒂的儿童心理学及其哲学意义。梅洛－庞蒂没有提出全面的发展理论。正由于缺乏一个全面的体系，他的心理学更加开放，并且会根据不断进行的科学研究来对自身进行修正。这本书将梅洛－庞蒂在20世纪40年代末和50年代初的讨论与当代的工作联系起来，展示了他对儿童心理学讨论的现实意义。他对理论与实践交叉的思考以及对具体实例的关注，着实为我们提供了一种值得效仿的跨学科的参与方式。

## 导言 一位乐于观察的哲学家

梅洛-庞蒂肯定地指出,历史性的原初(primary)经验——我们的童年经验——在我们的成年经验中仍然是根本的(primal)[1]。在与他人和世界的亲密接触中,儿童是天然的现象学家。由于原始(primordial)经验与自我意识经验之间的断裂永远无法解决,成年经验中充满了新生的生命的痕迹。任何对于人类的境况的理解,都需要借助对于儿童经验的理解。

---

[1] primary 和 primal 都有最初的和原始的含义,根据作者想要表达的内容,primary 更强调在时间上或历史上的在先性,故翻译为"原初的",而 primal 更强调在逻辑上的原发性和根源性,故翻译为"根本的"。——译者注

## 文献缩写

梅洛-庞蒂的文本：

***CPP*** 《儿童心理学与教育学：1949—1952 年索邦讲座》(*Child Psychology and Pedagogy: The Sorbonne Lectures 1949-1952*. Translated by Talia Welsh. Evanston, Ill.: Northwestern University Press, 2010.

Originally published as *Psychologie et pedagogie de l'enfant: Cours de Sorbonne 1949-1952*. Paris: Verdier, 2001.)

***PP*** 《知觉现象学》(*Phenomenology of Perception*. Translated by Colin Smith. London: Routledge, 1996.

Originally published as *Phénoménologie de la perception*. Paris: Gallimard, 1945.)

***SB*** 《行为的结构》(*The Structure of Behavior*. Translated by Alden L. Fisher. Pittsburgh: Duquesne University Press, 1983.

Originally published as *La Structure du comportement*. Paris: Presses Universitaires de France, 1942.)

# 第一章　儿童心理学的早期研究

梅洛－庞蒂的哲学承诺使我们很难对他进行简单的定位。显然，梅洛－庞蒂致力于埃德蒙德·胡塞尔（Edmund Husserl）和马丁·海德格尔（Martin Heidegger）的工作，但他所从事的一系列政治探究和人文科学的经验研究，在胡塞尔和海德格尔的经典哲学文本中基本上都是缺席的。正是他的包容性使他成为传统哲学领域的内外众多当代思想家的宝贵资源。但是，这种包容性使得我们很难将他的作品视为构建了一个哲学体系。或者，用现象学的术语来说，很难对梅洛－庞蒂进行现象学还原，并分离出他哲学的基本特征。如果将梅洛－庞蒂的广泛兴趣拒之门外，也就把梅洛－庞蒂拒之门外了。本书探讨了关于梅洛－庞蒂研究的二手文献中经常忽略的一个重点领域——他的儿童心理学。

梅洛－庞蒂出版的第一本书《行为的结构》（1942年）中已经包含了许多对话者和主题的雏形，这些对话者和主题至少在一定程度上占据了他余下的职业生涯：格式塔理论、现象学、科学与哲学的关联，以及知觉经验的作用。梅洛－庞蒂努力去探索一种有意义的方式来看待不同学科——生物学、心理学、哲学——之间的联系,而不陷入还原性和排斥性的实践和理论。梅洛-庞蒂的第二部著作是他的巨著《知觉现象学》(1945年),在这本书中,梅洛-庞蒂延续了他对经验研究的兴趣,但更彻底地批判了一种哲学主张,即那些认为身体只是一种向意识传输数据的机器,在其中我们活生生的经验被忽视。相反,仔细研究经验,尤其是知觉,会发现经验的本性本身就是所有其他理论(无论是否科学)必须立足的哲学基础。

这两本书的主要内容都不是儿童经验或儿童心理学。然而,我们确实在其中发现了一些与梅洛-庞蒂更广泛的哲学兴趣,以及他后来在索邦大学演讲中对儿童心理学的讨论相关的洞见,而这正是本书的主要焦点。本章概述了梅洛-庞蒂在担任索邦大学儿童心理学和教育学教授之前,对儿童经验的本质和相关性的讨论,这有助于定位他对儿童心理学的讨论。在本章中,我们发现儿童的行为表明了,结构化的、有意义的经验是我们与世界和他人最主要、最原始的关联。尽管梅洛-庞蒂对这一儿童经验的初步粗略勾勒进行了重大修改,但他随后的研究在很大程度上仍与这些对早年生活的哲学和心理学的初步探索保持一致。

## 意识与行动

进化论、遗传学、心理学和生理学等领域的研究成果令人震惊,它们极大地改变了我们的看法,使我们不再把动物看作机械的野兽,而把人看作被奴役在野蛮的物理身体中的理性行动者

(rational agent)。对动物行为的研究变得更加细致入微,在我们更好地了解人类这种动物(human animal)的同时,我们也了解到动物远远比我们以前想象的更具情绪性、智性和社交性。后达尔文时代的一个趋势是,我们不仅知道动物是我们的祖先,还知道我们的早期生活与动物的社交性和沟通性的生活更为相似。梅洛-庞蒂的早期著作肯定了动物智性的(intelligent)和反应性的(responsive)生命,但同时也断言,人类生命从婴幼儿时期开始,就在体验自我和他人的模式上是独特的。

《行为的结构》中的一些章节确实考虑了我们最早的生命经验,值得注意的是,这些文本明确否定了人类早期经验与动物生命相似的理论。梅洛-庞蒂将动物的存在理解为智性的和反应性的。梅洛-庞蒂在《行为的结构》一书中对非人类生命进行了全面的思考,他极力避免将动物仅仅归结为本能的机器。此外,他还反对高估人类的理智(the intellectual)。尽管如此,他还是认为人类生活具有独特的特征,从而使我们的经验与动物的经验有着根本的不同。在这样的描述中,梅洛-庞蒂开始对人类的经验形成自己的理解,并与他同时代的一些人区别开来。

人类意识的独特性问题是二十世纪初法国一系列争论的一部分。科学与哲学之间的分歧日益加剧,迫使心理学家表明他们的立场。亨利·庞加莱(Henri Poincaré,1854—1912)和皮埃尔·杜亨(Pierre Duhem,1861—1916)等有影响力的科学家和数学家主张将科学作为一门独立的学科。在《科学与方法》(*Science and Method*)一书中,庞加莱主张科学研究的客观性

(1952，16-20）。在庞加莱看来，科学真理并不一定建立在哲学的真理概念之上。与此同时，唯灵论和唯心论的强大成分试图削弱科学对其独立于理智的任何主张。哲学本身被批判的新康德主义哲学家［如莱昂·布伦希维奇（Léon Brunschvicg），1869—1944］所主导。布伦希维奇（1922）并不认为科学是哲学的敌人，他承认外在的事实确实侵入了内在的心灵状态，但他在有效性和真理问题上坚持哲学的最高权威。

亨利·柏格森（Henri Bergson，1859—1941）是一位深刻启发了20世纪法国哲学的著名哲学家，他因试图将人类的知觉从理智的批判哲学的束缚中解放出来而为人所知。他将人类的经验看作人类与世界的本能联系的自然延伸，而不仅仅是由人类拥有的具体化的理智。梅洛-庞蒂对于从批判哲学和科学心理学中脱离出来的趋势表示赞同，但他并没有将人类经验（《行为的结构》中的"人类秩序"）与非人类的动物生命（《行为的结构》中的"生命秩序"）过于紧密地联系在一起。梅洛-庞蒂在与柏格森的对比中指出，人类秩序不仅仅是对动物所面临的实在性问题的回应。

柏格森写道，理智和本能区分了人类和动物的经验。然而，从根本上说，动物和人类使用本能和理智的目的是相同的。他写道："**因此，本能和理智代表了对同一个问题的两种不同却同样合适的解决方案。**"（Bergson 1944，158，强调为原文所加）在柏格森看来，本能和理智都试图解决材料如何被导向各种目标的问题。理智必须建立在本能的能力基础上，才能在世界上占有对象。"但另一方面，理智对本能的需求甚至超过了本能对理智的需求；因为赋予粗糙物质以形状的能力已经包含了更高程度的组织能力，而动物若非借助本能之翼（wings of instinct），是不可能达到这种程度的。"（157）尽管人类的处境是独特的，但它仍然是从本能层面进化而来的。动物和人类与世界的关系只是程度问题，而并无本质区别。

梅洛-庞蒂批评这种对人类存在和人类行为的理解，因为它没有指出任何人类独有的东西，因而无法提供任何真正的定义。柏格森将人的行为理解为"始终是生命的行为，是有机体维持自身实存的行为。在人类的工作行为中，在智性的工具制造中，他看到的只是实现本能所追求的目的的另一种方式"（$SB$ 163）。由于不承认意识的独特性，柏格森最终未能理解什么是人。柏格森忽视了我们行动的意向性动机，从而将人类的行动机械化，并因此忽略了有意识的活动。理智仅仅成为本能驱动的行为的复杂通道。

相反，人类秩序必须由**意识**来定义——"归根结底，意识是由占有思想对象或对自身的透明性来定义的；而行动是由一系列彼此外在的事件来定义的。它们是并列的，而不是捆绑在一起的"（$SB$ 164）。柏格森正确地指出，经验心理学常常把知觉当作"直接地沉思性的东西，好像人的主要态度是一种旁观者的态度"（$SB$ 164）。然而，柏格森未能解释人类行为如何成为生命行动的延伸。关键在于，人的行为需要意识，而柏格森的活力论并没有解释何谓具有意识的存在。虽然柏格森正确地提醒了我们活生生的、情境性的处境的地位，但人类心灵生活的独特性及其与行为的联系却被抹杀了。

人的行为，例如言说（speech），并没有内在固有的意义。如果没有与"生命目标"（SB 163）的关联，声音的发音就不是言说。我说话是为了交流、创造或表达。要理解我的说话行为，你不仅要诉诸物质方面的关注（我发出的声音、我的生理机能），你还必须——至少是隐含地——关注我在说什么这个要点（我的目的）。如果不能直观地理解我说话背后的意图，那我的声音就只是毫无意义的声响。此外，你自己也必须有一种有组织的意识，以确定哪些声音值得关注，哪些不值得关注。我的行动需要意识，理解我的行动也需要意识。我的意识与我的行为密切相关，而我的行为又反过来影响我的意识。梅洛-庞蒂效仿黑格尔（G. W. F. Hegel），将其命名为辩证法。我们必须看到心灵是如何在行动中苏醒的，而不是没有心灵的行动是如何发生的。唯物主义分析的一个倾向是试图将行为还原为表面上的物质和外在属性。因此，弄清行为背后的原因，即任何行为的因果链，就成了物质问题，而不是心灵问题。梅洛-庞蒂指责柏格森在这一唯物主义方面犯了错误，在他那里，行为彻头彻尾变成了物质，从而被机动化（motorized）和机械化（mechanized）。

梅洛-庞蒂指出，柏格森的倾向源于哲学和心理学的一个存在已久的问题——如何将意识与行为联系起来。传统上，哲学和心理学都无法解释个体实存（如知觉所揭示的那样）与个体行为之间的联系。哲学承认它们之间存在某种联系，但却无法提供理解这种联系的方法（*SB* 164）。意识被定义为拥有一种思想，这种思想是透明的，能立即展现在思想者面前。行动被定义为一系列外部事件。但我们的问题仍然是，在行动中发生的外部事件是如何与思想的内在自我透明性联系在一起的？传统的分工可能是让心理学家负责分析行动的意义，哲学家负责确定思想的意义，但由于我们假定一方不仅影响另一方，而且由另一方构成并塑造，因此这种分工前景并不乐观。梅洛－庞蒂偏爱的辩证法提出了一个明确的要求，即提供一种结构，使这两者相互作用，而不把其中一方简化为另一方。梅洛－庞蒂主张采用第三种方法，即通过对行为的研究向我们展示意识的活生生的概念。

**初生知觉**

梅洛－庞蒂认为，婴儿知觉揭示了知觉的原始结构，这种结构日后将成为思维与行动之间更复杂互动的基础。在前人的论述中（包括柏格森在内）缺少的是在思维和行动之间架起桥梁的结构概念。梅洛－庞蒂从格式塔理论中借用并完善了结构的概念，并将其刻画为"一种观念与一种难以分辨的存在的结合，一种偶然的安排。通过这种安排，材料开始在我们的在场中具有意义，在初生状态中具有可理解性（intelligibility）"（*SB* 206-207）。在身体行动中，心灵并非利用身体来达到目的。相反，在行动中，心灵实现了自身（realizes itself）。只有通过行动，我的意识才能在世界上占据一席之地。梅洛－庞蒂将他关于行为结构的研究描述为：阐明心灵如何"**进入世界**"（comes into the world）（*SB* 209，强调为原文所加）。我们最初的行为、最初的知觉及其现实化，将提供这种辩证的参与（dialectical engagement）的原始结构。

在我们对世界的最初体验中，我们已经发现了规范的结构化能力，这种能力在之后会允许我们获得文化和抽象的思想与信念。梅洛－庞蒂认为，儿童和成人的知觉都是辩证的。我们不能假定儿童更多地由物质力量规定，因为这只是把心灵问题推到了未来。梅洛－庞蒂认为，即使是婴儿的知觉，也是人类秩序的一部分，因此也是辩证的。无论我们假定婴儿的知觉多么模糊，当婴儿对母亲的知觉做出一致的反应时，婴儿就已经知觉到了从环境中**被抽象**出来的母亲。婴儿既不仅仅是接受了视觉感觉材料的集合，也不仅仅是对情境性的处境做出了反应：

> 初生知觉具有双重特征：一是指向人类的意图，而不是指向自然界中具有纯粹特质（热、冷、白、黑）的物体；二是把这些物体当作被经验的实在而不是真的对象来把握。对自然对象及其特质的表征，即对真理的意识，属于更高层次的辩证法；我们必须让它们出现在我们目前试图描述的意识的原初生命中。一个众所周知的事实是，婴儿的知觉首先将自身与面容和姿势连接，尤其是母亲的面容和姿势。[1]（*SB* 166）

---

[1] 梅洛－庞蒂引用了米利森特·申（Milicent Shinn）（1893 年文本）的论述。

## 第一章　儿童心理学的早期研究

毫无疑问，科学话语"属于比婴儿话语更高的辩证法"。梅洛-庞蒂的问题是要证明符号化能力是如何从初生知觉中产生的。他不想让符号化、语言以及随后的科学、哲学和文化话语成为我们动物本性凭空创造出的奇迹。在这里，以及在随后的所有著作中，梅洛-庞蒂都从人类的基本经验中找到了我们最抽象、最理智的能力的根源。

我们在婴儿与母亲的行为中看到了这种原初的能力，它能够形成对母亲诸意图的知觉，而不是像动物生活中那样，仅仅是与环境[1]互动。从上面的引文中，我们可以看出，梅洛-庞蒂所说的"知觉"并不仅仅是指对我们视觉系统的刺激。相反，它是**对**母亲的知觉（perception of the mother）：当母亲不在场时，她是被渴求的，母亲是安抚儿童的人，是喂养儿童的人。知觉首先是规范性的，而不仅仅是在视觉上聚焦于某些离散对象的物理能力。母亲总是已经被赋予了意义。婴儿在知觉母亲的时候，已经有了一个初生的格式塔（完型）。因此，儿童与母亲的关系绝不仅仅是对某种环境的本能反应。

婴儿构建自己的世界所依据的不仅仅是一套不断提高的运动技能，婴儿是将**价值**置于某些外部对象上。当然，动物肯定会表现出对"好的"而非"坏的"对象的偏好，但在梅洛-庞蒂的概念中，动物缺乏独立于环境背景识别"好的"对象的能力。

---

[1] 对于 situation 的翻译，在讨论动物行为的时候，我将其翻译为"环境"，而在涉及人的行为及其具身化的场域时，我将其翻译为"处境"。——译者注

我们可以说，动物能体验到积极或消极的**环境**（situations），而只有人能体验到好或坏的事物或人。

在儿童的世界里，人的面容并不仅仅是环境的一部分。母亲的面容是儿童知觉世界的基础。跟随母亲的目光并对其做出反应，就成了记录（monitor）和结构化（structure）新的经验的一种方式。当遇到不愉快的事情时，儿童会把脸埋在父母的脖子或腿上，以此作为摆脱困境的主要方法。父母的身体不仅仅是提供安抚和食物的工具，它还是儿童学习与更广阔的社会世界互动的场所。知觉既是辩证的——因为它最初是关于他人的目光和面容的，也首要地是规范性的——因为知觉首先是围绕价值来组织的。

谈论知觉，就是谈论经验的组织结构，而这种经验是无法还原为感觉（sensation）的。如果仅凭外部世界的所予，我们无法解释幼儿在陌生人打招呼时害羞地把头埋在父亲腿上的"感觉"。梅洛－庞蒂并没有得出结论说，人类生活的次要形式，即文化和语言形式，覆盖在自然的、动物性的在世存在（being-in-the-world）的方式之上，而是写道，在婴儿的主要的"自然"世界中，我们已经发现了次要形式的根源。儿童的注意力集中在母亲身上；当母亲不在身边时，儿童会思念母亲，并在周围寻找母亲的归来。母亲对他人的反应将为婴儿如何与他人互动提供线索，从而为婴儿提供直接进入社会和语言世界的途径。

梅洛－庞蒂对世界原始结构根源的兴趣至少始于1942年《行为的结构》出版的十年前。1933年，25岁的梅洛－庞蒂在

## 第一章　儿童心理学的早期研究

博韦一所中学工作时，申请并获得了法国国家科学院的奖学金（Silverman and Barry 1996，xiv）。梅洛－庞蒂提议利用格式塔心理学和神经科学研究知觉的本质，以批判"批判的"新康德主义哲学流派（Geraets 1971，6）。在获得研究经费的那一年里，梅洛－庞蒂不仅研究了格式塔心理学、实验心理学和神经科学，还开始认真研究儿童心理学和胡塞尔的现象学。

梅洛－庞蒂在他的第二份继续资助提案中（他的这份提案被否决了），开始将格式塔理论和现象学结合起来，认为它们是生理学和神经学的必要补充。我们的物理身体本质的事实必须得到解释。我们必须解释知觉赋予我们的经验和行为的丰富内涵。梅洛－庞蒂之所以引用格式塔心理学，不仅仅是因为它的"完型"概念（正如它在第一个提案中一样），还因为它的**组织**（organization）概念为理解知觉提供了一种新的范式。格式塔心理学家，尤其是沃尔夫冈·科勒（Wolfgang Köhler）[例如，科勒的《猩猩的心理》（*Mentality of Apes*，1956），以及他的《论文选》（*Selected Papers*，1971）]强调，特定的知觉不仅是对不同感官给定的组织，而且主体在完型式的（Gestalt-like）结构中调整自己的行为，以适应不断变化的环境或物理条件。黑猩猩一旦发现棍子可以用来获取食物，就会自发地和相应地调整自己的行为。在梅洛－庞蒂自己的思想中，"协调"和"组织"这两个术语后来被更高级的结构概念所取代。格式塔心理学在对儿童知觉的研究中证明，儿童的知觉能力并非简单地低于成人，相反，他们拥有不同的知觉组织的**完型**——"儿童的知觉已经被组织起

10

儿童，天然的现象学家

来，但是以自己的方式。"（梅洛－庞蒂，1996a，82）发展不仅是新信息的增加，也是重组的过程。这一观点与梅洛－庞蒂的发展论题相一致，即知觉并不是关于诸理智功能的，这些理智功能只将自身"添加"到感觉材料之中。

儿童不参与我们更为抽象的符号系统，我们常常把这视为儿童内向性（introversion）的标志。例如，我们认为儿童无法理解我们的真假标准，以此证明我们是在客观地对待外部世界，而儿童更多的是沉浸在自己的内在的欲望中。梅洛－庞蒂引用皮亚杰的话指出，儿童确实有一种"自我中心的"（egocentric）世界观。但这并不是说他们与世界的接触较少：

> 例如，如果说儿童对世界的知觉是"自我中心的"，这就足够正确了，因为儿童的世界忽略了成人最简单的客观性标准。但恰恰是，不了解成人的客观性并不是生活在自我之中，而是在实践一种未经测量的客观性；自我中心的概念不应被允许暗示一种封闭在"其状态"中的意识的旧观念。（梅洛－庞蒂，1996a，82）

梅洛－庞蒂希望确保儿童意识不会被理解为比成人意识更加内在地专注（preoccupied）。正如他在以后的职业生涯中谈到儿童心理学时一直强调的那样，儿童参与了她的世界。

儿童知觉在梅洛－庞蒂的思想中变得越来越重要，因为它为批判（新康德主义）哲学关于有意义知觉的假设提供了一种方式。幼儿有能力进行有意义的知觉和行为：正如马克斯·韦特海默（Max Wertheimer）在《关于格式塔理论》（"Über Gestalttheorie"，1925）一文中所写的那样，生理和心理的发展并不表明儿童处理的是部分感觉，而成人处理的是整体感觉。相反，只有成人才能在特定的指令下理解经验的"部分"（例如，一个孤立的色点、一个单一的声音）。儿童首先感知的是"整体"。梅洛-庞蒂还说，儿童的知觉先于理智区分，如对客观和主观的区分。儿童的自我中心主义只是反映了这样一个事实，即他们的行为直接以感官体验为基础，而没有感觉体验是一个人所拥有的东西这样一种观念。相对于"客观"世界，儿童并不存在"主观"状态，因为感官体验**就是**科勒和韦特海默所说的现象整体。感知不是儿童的一部分，也不反映世界的一部分。对儿童来说，只有知觉，除了知觉一无所有。因此，儿童的知觉中没有"缺失"，没有缺陷。

儿童的经验不仅是有结构、有组织的，而且是基础性的。尽管发展心理学是一个分歧很大的领域，但我们在理论上已基本达成共识，即我们生命的最初几年是我们以后生活的基础，尽管我们生命的大部分时间通常是作为身体上成熟的成年人度过的。我们的童年尽管相对短暂，却不成比例地塑造了我们的一生。梅洛-庞蒂后来在索邦大学任职期间，对各种发展理论产生了浓厚的兴趣。

阿隆·古尔维奇（Aron Gurwitsch）对梅洛-庞蒂产生了持久的影响。20世纪30年代，梅洛-庞蒂参加了古尔维奇在索邦大学的讲座。古尔维奇影响了梅洛－庞蒂将心理学和哲学整合在一起的做法，并很可能使他注意到某些著名病例，如脑损伤患者施耐德的病例，以及阿德马尔·戈尔布（Adhémar Gelb，1887—1936）和神经学家库尔特·戈尔施泰因（Kurt Goldstein，1878—1965）等格式塔思想家的研究成果。德莫特·莫兰（Dermot Moran）指出，古尔维奇和恩斯特·卡西尔（Ernst Cassirer）往往是被忽视的影响者，梅洛－庞蒂从他们那里汲取了黑格尔主义－胡塞尔主义心理学方法的大部分内容（2000，411-412）。

梅洛－庞蒂在其关于儿童心理学的著作和演讲材料中也大量借鉴了精神分析理论。西格蒙德·弗洛伊德（Sigmund Freud）的童年发展理论中的许多元素都支持梅洛－庞蒂自己的分析。弗洛伊德认为童年的发展与成人的经验密不可分。弗洛伊德的理论强调，儿童的经验规定了日后成人的经验，而不是将儿童视为一个不完整的、尚未成形的成人。《行为的结构》在肯定弗洛伊德儿童心理学的同时，也对弗洛伊德的能量模型（energetic model）进行了有力的批判，认为其因果关系过于线性。梅洛－庞蒂认为早期经验本身是完整的，因此他避免使用因果语言而将儿童视为仅受性欲力量控制的对象。尽管如此，梅洛－庞蒂还是希望将"儿童是人的母版（master）"这一概念融入其中。因此，我们可以看到，在《行为的结构》中，梅洛－庞蒂认为可以通过"另一种语言"，即一种不需要能量模型的语言，找到与弗洛伊德结论相同的结论：

> 在不质疑弗洛伊德赋予情欲基础结构和社会规范的作用的前提下，我们想问的是，他所说的冲突本身和他所描述的心理机制——情结的形成、压抑、倒退、反抗、转移、补偿和升华——是否真的需要他用来解释这些冲突和机制的因果概念体系，并将精神分析的发现转化为人类实存的形而上学理论？因为不难看出，因果思维在这里并非不可或缺，人们可以使用另一种语言。(*SB* 177)

梅洛-庞蒂回顾了他以前对科学心理学的批判，他对试图将行为归结为一系列规律的做法保持警惕，无论这些规律是由内部还是外部驱动的。弗洛伊德的理论会让主体成为本能力量掌控的被动的傀儡。

需要注意的是，英语中通常（如标准版）译为"本能"（"instinct"）的词实际上是德语中的 Trieb，译为"驱动力"更合适。对弗洛伊德来说，**本能**（Instinkt）与该词的非专业意义相似：动物和人类都拥有的东西，而 Trieb 则是人类独有的东西。Trieb 在法语中对应的术语是 pulsion。然而，梅洛-庞蒂讨论的是他在儿童心理学和教育学讲座之前对弗洛伊德理论的总结，而不是弗洛伊德的文本本身。梅洛-庞蒂对弗洛伊德的早期批判是对乔治·波利策（Georges Politzer）在《心理学基础批判》（*Critique des fondements de la psychologie*）一书中对精神分析的诠释的借用，其中波利策严厉抨击了弗洛伊德的本能理论（Politzer 1968; Geraets 1971, 73）。

波利策反对任何将人类行为"自然化"的尝试，反对任何将人类行为视为对某些与生俱来的本能之因果反应的尝试。他提出了一种新的具体心理学，以实现心理学的夙愿——独立科学的地位。与梅洛-庞蒂一样，波利策也写道，古典心理学缺乏知识模型（Politzer, 1968, 77-109）。然而，客体心理学（科学心理学）也未能成为一门独立的科学。波利策宣称，约翰·华生（John Watson）的行为主义（梅洛-庞蒂早先在《行为的结构》中对其进行了批判）是所有客观心理学中最有成果的。华生实现了一种真正与自然科学相媲美的心理学，这意味着他绝对无条件地拒绝内在生命。然而，波利策指出，行为主义在逻辑上排除了心理学作为一门**独特**（distinct）研究的可能：它拯救了客观性，却失去了内在生命。行为主义摒弃了我们主观的"内在"状态的相关性，它不再是对心理的研究。通过严格的方法，行为主义成功地变得客观了，但它却坍塌成了另一门经验科学。因此，行为主义未能捕捉到人类经验中的人的因素，从而错失了任何人类心理学的目标。

另一方面，精神分析并没有丧失其相对于其他科学的独立性，但却无法协调理论与具体应用之间的关系。波利策的结论是，适当的心理学将不再关注给定的知觉，而是关注"**一种比简单知觉更抽象的意识行为**"（Politzer 1968, 247，强调为原文所加）。起初，梅洛-庞蒂自己的结构性的进路与波利策对弗洛伊德的批判如出一辙。然而，随着《行为的结构》的深入，梅洛-庞蒂的知觉概念变得不再简单明了。相反，他将波利策对弗洛伊德的批判与对知觉的"辩证"理解相结合，认为人们可以**在**知觉本身**中**（within）发现结构。

根据梅洛-庞蒂的观点，弗洛伊德认为本能"引发"行为。本能是与生俱来的行动动力，它使主体采取行动，有时甚至违背主体的意愿。梅洛-庞蒂不遗余力地论证，行为不能被理解为由诸内在力量（internal forces）引起的行动。这种概念未能将主体与世界的互动融为一体，反而使主体成为一种自动机："情结不像一个存在于我们内心深处并不时在表面上产生影响的东西"（*SB* 178）。任何行为都必须从主体自身的意识以及主体与他人之间的辩证关系的整体来理解。

梅洛-庞蒂认为，要理解人类行为背后的心理原因，就必须研究主体在其行为中表现出的一般结构。主体有一定的行为结构（或如他后来所说的"风格"）。异常行为和病态行为揭示了主体由于心理或生理伤害而导致的行为重组，通常这种重组并不成功。由于许多心理学模式只关注孤立行为的完成与否，因而忽略了行为揭示复杂的"在世存在"的方式。病态行为并不仅仅导致特定的异常反应。相反，它影响的是整个在世存在模式的紊乱。

受格式塔心理学家库尔特·戈尔施泰因和波利策研究的影响，梅洛-庞蒂形成了一个关于正常和异常结构化的发展模型。梅洛-庞蒂受到了戈尔施泰因对传统格式塔理论批判的影响。戈尔施泰因的整体心理学在他 1934 年出版的《有机体的构造》（*Der Aufbau des Organismus*）一书中得到了最好的阐释，该书很快以英文版《有机体》（*The Organism*，1939，1995 年再版）面

### 儿童，天然的现象学家

世。在这本书中，戈尔施泰因主张对有机体采取一种综合的方法，这种方法考虑到了有机体的物理特性、环境和适应能力。戈尔施泰因还主张身心合一，这一主题对于梅洛-庞蒂的具身化的概念越来越重要。戈尔施泰因写道："两个领域（心灵和身体）中的任何一个都不能被先天地视为主宰并规定另一个领域，充其量只能给它留下一种变更性的影响。心灵与身体一样，都不能被视为生命有机体的唯一表现形式和真正本性。"（Goldstein 1995，263）

正常的结构化意味着个体的、自然知觉着的主体与符号性、主体间社会秩序之间的和谐互动或辩证关系。由于知觉着的婴儿始终处于这种辩证关系之中，因此他总是已经参与进一种结构中了。然而，成人的结构化并不是一成不变的，婴儿当然也不例外。童年的发展是将新经验逐步纳入符号秩序的过程。成人的经验要求一些新的经验同样被整合。弗洛伊德理论的成功之处在于，它提供了一个框架来理解为什么过去必须成功地融入现在。当现在和过去的经验发生断裂时（例如，当创伤记忆导致现在的经验不和谐时），病理学就会随之产生：

> 发展不应被视为一种既定的力量对同样是既定的外部对象的固定，而应被视为一种渐进的、不连续的行为结构化（Gestaltung，Neugestaltung）（Goldstein，1995，326）。正常的结构化是对行为进行深度重组，使婴儿的态度在新的态度中不再具有地位或意义；它将导致完美的整合行为，其中的每一时刻都与整体有着内在联系。(*SB* 177-178)

当过去的经验整合得如此不和谐，以至于主体无法将其与现在的经验统一起来时，压抑就出现了。由于无法将自己从所处的环境中解脱出来，异常现象便随之而来。

作为一个旁观者，我们可以举出下面的例子来说明这种正常和异常行为模型与标准的异常分析之间的区别。由于这种模型关注的是行为，而不是孤立的特定病理症状，我们可以设想在两个世界中，同一个聋人在其中一个世界会被视为有缺陷，在另一个世界会被视为无缺陷。如果聋人生活在一个文化环境中不存在污名或限制的世界中，那么他的行为就不存在缺陷。而在耳聋被视为严重麻烦的世界里，缺陷就会存在，因为他作为人的行为会受到影响，进而成为一种符号。这并不是说听力会给一个人带来某些可能性，就好像在无人协助的情况下飞行或能够看穿砖墙一样。既然我并不认为这些身体上的限制（不能飞或不能看穿墙壁）是体弱的表现，那么为什么耳聋是缺陷呢？这是因为我们的文化对正常和异常行为有一定的标准。梅洛－庞蒂的模型所提供的是一种关注作为人类秩序（包括其文化规范）一部分的个人活动的方式。

## 发　展

梅洛－庞蒂认为，发展是一系列新结构的演进过程，不存在单一的发展路径。根据个人的经历、生理和环境，发展将是独一无二的。一种必然的组织层次的概念没有改变，但梅洛－庞蒂添加了一条路径，引导人们理解发展与文化、历史和个人教养的相互作用，从而提供了理解病态行为的各种方式。病态可能是生理异常的结果，但也可能是未整合的文化强加或个人独特经历的结果。

然而，梅洛－庞蒂关于通过"渐进的、不连续的结构化"实现"完全整合的行为"的和谐发展的概念，完全没有让人认为新生的知觉是与之特别相关的（*SB* 177-178）。由于成年期通常长于童年期，被试会逐渐用新的经验取代幼年期的知觉状态，童年期的经验也会逐渐变得无关紧要。为了证明童年的持续性，梅洛－庞蒂将创伤记忆与童年经验联系起来，并提出当新经验威胁到一个人的当前秩序时，他要么学会解决旧的创伤，要么回到童年的结构化方式。因此，童年知觉是所有感知经验的"原－完型"（ur-Gestalt）。

当创伤经历使个体无法整合时，就会出现病态行为。在这种情况下，意识会回到婴儿时期的状态。作为婴儿知觉世界的第一种方式，童年时期的知觉结构是陷入困境的心理的"最后手段"。创伤记忆会努力在知觉结构中找到一个和谐的融合点，因此在经历发生很久之后，创伤记忆仍会继续扰乱个体。从这个意义上说，过去的经历构成了现在的经历："对于生命，就像对于心灵，没有绝对过去的过去；'心灵似乎在其背后的时刻也孕育在其现在的深处'。"（*SB* 207）[1] 我们可以得出结论，童年创伤比

---

[1] 这里梅洛－庞蒂转述了黑格尔 1853 年发表的《历史哲学讲演录》（*Vorlesungen über die Philosophie der Geschichte*），该书的英文版名为《历史中的理性》（*Reason in History*，1953）。

成年创伤更令人不安，因为它们阻碍了原有的和谐结构。童年创伤使得找到平静的可能性变得具有挑战性（即使心理安慰的代价是病态），因为原有的结构是不稳定的。因此，婴儿期的意识和婴儿期的结构模式仍然是一种原始模板，所有后续的经历都是建立在这种模板之上的。在健康的个体中，婴儿时期的世界组织结构会随着时间的推移而失去其重要性，但在受到创伤的个体中，婴儿时期的世界结构模式会更有力地显示其存在，因为它们会不断地被重新审视。

虽然《知觉现象学》在很大程度上并不关注发展或儿童心理学，但梅洛-庞蒂偶尔也会呼吁将童年经验作为我们理解知觉在未来所有科学和哲学研究中的基础性作用的启发。出生的时刻也为我们理解个体如何改变情境提供了一个平行的视角；儿童并不只是出现在一个处境中，然后被情境所塑造；相反，环境本身不仅围绕着儿童出生的实际情况发生了改变，而且还围绕着儿童身体存在之外的期待和投入发生了改变。出生后，儿童与他人的天真互动并没有被简单地解读为不成熟，而是展示了一个主体间的世界是如何不仅仅是最初开始的，而是实际可能的。我们与他人的最初经验展示了非理智的、共享的生活世界，使梅洛-庞蒂的思想更加远离皮亚杰的阶段理论。

后来在《知觉现象学》中，梅洛-庞蒂优雅地写道："我的第一个知觉，连同环绕它的视野，是一个永远在场的事件，一个难以忘怀的传统；即使作为一个思的主体，我仍然是那第一个知觉，是由它开启的同样生活的延续。"（*PP* 407）就《行为的结构》而言,结构化的第一种模型不仅是理智的、认知能力的开端,也是有意义的活生生的经验的开端。梅洛-庞蒂在《知觉现象学》中继续对儿童的经验给予积极评价,但他似乎并不满足于这样一种观点,即儿童被引入符号社会后,知觉对象就开始被儿童理解了。我们可以说,只有当我们融入我们的符号系统时,事物才获得了存在的意义。在接受这些文化符号之前,我们的经验是漂浮的、无意义的。换句话说,所有的意义都包含在语言之中。没有语言,我们就无法有意义地组织我们的感觉材料。

言说(speech)让这种情况变得更加复杂。在言说时,我并不只是"进入"一个类似语言的符号系统,而是在创造语言的具身化(embodiment of language)。言说并不是儿童进入预先存在的先验思想世界的通道;相反,"言说,在说话者那里,不是翻译现成的思想,而是完成它"(*PP* 178)。如果言说只是打开了通向现成思想的大门,那么学习将是瞬间的或不可能的。这样就会存在两种状态:一种是获得思想的状态,另一种是语言前的状态。"事实是,我们有能力理解我们可能自发想到的东西。"(同上)这种将口头语言(spoken language)视为一种身体的、活生生的体验的概念,它拥有自身的意义,而不是"在别处"的意义,这也意味着儿童并没有被排除在言语意义的意义性之外。儿童拥有超越我们自身的意义,即使他们并不掌握某种特定的语言。

不可否认,我们结构化早期经验的方式既是前语言的,也是前科学的。我们还没有学会如何在语言中使用符号化的对象世界，或者用科学的语言从它们中获得客观的立场。作为儿童，我们无法将自己从眼前的环境中抽象出来；因此，我们显得以自我为中心、天真、不成熟。我们还没有整合科学认识，以将我们对事物的体验与事物本身的特质区分开来。例如，在做梦时，儿童不会认为梦境与清醒的现实相比是不真实的。他们还没有学会认为自己的亲身经历是"虚幻的"，而广延性的物质是"真实的"。"儿童将自己的梦和自己的知觉一同归属于世界；他认为梦是在他的房间里、在他的床脚上演的，与知觉的唯一区别是，梦只有睡觉的人才能看到。"(PP 343) 儿童只是还没有学会成人的习惯做法，即把广阔的世界划分为不同的部分，这些部分都有相应的规律，并把我们的经验状态排除在这种客观的讨论之外。

梅洛-庞蒂描述了在日常感知中，儿童如何体验到一种绝对感，一种无视角（perspective-free）的知觉。儿童之所以显得以自我为中心，是因为她根本不知道存在视点（points of view）。当我们称一个成年人"以自我为中心"时，我们认为她可能不是像儿童这样——她是以自我为中心，而不是以他人为中心。但是，儿童并不会为了自己的视点而拒绝他人的视点，他们没有觉察到自己的视角。梅洛-庞蒂写道，对儿童而言，"人都是空洞的脑袋，朝向一个单一的、自明的世界，在那里发生着一切，甚至是梦，他认为梦就在他的房间里，甚至是思考，因为思考与语词并无区别。"(PP 355) 儿童的自我中心主义反映了她无法考虑到除了这种经验之外还有其他东西。经验还不属于个人，它只是存在而已。这导致儿童将我们显然认为是非物质的存在状态赋予一种物质存在，包括他人的凝视："对他来说，他人就是许多审视事物的目光，几乎具有物质性的存在，以至于儿童想知道这些目光在相遇时是如何避免破碎的。"（PP 355）这种孩童式的看世界的方式确实很天真，显然，很多哲学问题都不能用人们有着"空洞的脑袋"的观点来看待。然而，梅洛－庞蒂指出，在我们提供一个科学的视角来观察世界，将"外在"的事物（对象）完全外在化和客观化，将"内在"的事物（思想、知觉、情感）完全心理化和内在化的过程中，我们错过了儿童不成熟观点的真理。我们不是向着自明的世界转动的空洞脑袋，也不是被孤立在脑袋里只能从眼睛里窥视和剖析眼前事物。

儿童的无视角的视角并不仅仅是理智不成熟的表现。相反，要想获得真正的主体间体验，就必须要有这样一种观念，即世界是存在的，而我们是亲身沉浸于其中的，而不是被锁在头脑中的因果性的观察者。如果我坚信你的视角与我的视角截然不同，以至于无论怎样讨论或协商都无法在两者之间架起一座桥梁，那么即使尝试交流也是毫无意义的。用托马斯·内格尔（Thomas Nagel，1974）著名的例子来说，这就相当于与一只蝙蝠互动。相反，我们首先发现自己有一个共识，然后接受教育，把我们的内在状态划分为属我的，把外部事物划分为共享的。儿童以自我为中心的观点也是自相矛盾的主体间观点，因为世界场景是为所有人假设的。皮亚杰认为这是儿童理智不成熟的证明，但梅洛－庞蒂指出，如果没有这种主要观点，就很难解释儿童主体间生活的自然性。"但实际上，儿童的观点在某种程度上是对成人的观点和皮亚杰的观点的有力回应,如果成人要有一个单一的主体间世界的话,我们幼年时期不成熟的思维方式仍然是成熟思维方式不可或缺的基础。"(PP 355)梅洛-庞蒂推翻了传统的观念,即儿童在主体经验之中更加孤立,而对象性使我们摆脱了这种不成熟,他提请我们注意儿童的视角在某些方面是如何向主体间生活开放的,而不是封闭的。

梅洛-庞蒂在他著名的关于知觉的论述中写道,在成人的经验中,我们发现我们最早的经验模式依然存在。儿童认为梦境与清醒状态一样真实,这种想法在成人的幻觉甚至我们正常的想象中得以延续。我们在想象和幻觉中发现了"我们在交融经验中与整个存在的令人晕眩的临近性(voisinage vertigineux)"(PP 343)。梅洛-庞蒂继续讨论幻觉是如何通过坚持知觉的绝对确定性而不被发现的。知觉总是需要一个地方与想象的、幻觉的以及非知觉的事物相邻。另一种解决方案是保留知觉的"科学的"地位,将其讨论为揭示可能的东西(the possible)与或然的东西(the probable),从而再次将其与幻觉区分开来。梅洛-庞蒂也反对这种解决方案,他坚持认为"尽管接受了所有批判性教育,知觉仍然处于怀疑和证明的两边"(PP 344)。我们接受的教育是将知觉视为真实,将幻觉视为虚假。但是,当我们越是研究知觉及其如何在世界经验的视野中运作时,我们就越会意识到,这种真实与虚幻的区分总是在我们具身地、活生生地嵌入世界之后才做出的。我们无法从总体上确定我们对世界的经验的真实性,因为这是真实与不实问题产生意义的基础。"问自己世界是否真实，就是不理解自己在问什么，因为世界并非总是可能受到质疑的事物的总和，而是事物取之不尽、用之不竭的宝库。"（*PP* 344）

勒内·笛卡尔（René Descartes）在其1641年首次出版的《第一哲学沉思集》（*Meditations on First Philosophy*）中提出了一个著名的梦的问题，从而将梦带入了哲学。如果我认为梦是真实的，那么如何知道我什么时候在做梦，什么时候不在做梦呢？毕竟，任何感觉像清醒生活的时刻本身都可能是梦。我们可以看到，一个儿童在回答这个难题时，可能会假设梦是真实的，因此笛卡尔所感到的挫折感对儿童来说是陌生的。笛卡尔将这种担忧延伸到对基本存在信念是否真实的思考上——我的屋子存在吗？世界存在吗？星辰存在吗？任何广延的物质存在吗？和笛卡尔一样，梅洛-庞蒂也认为不能质疑万物的存在。对笛卡尔来说，怀疑必须由我思（cogito）来完成，因此它必须存在于每一个思考的瞬间（不证明自己作为正在怀疑之物的存在，就无法怀疑）。对梅洛-庞蒂来说，不能怀疑的是生命世界，即所有经验的背景。笛卡尔式的怀疑似乎很有意义，但梅洛-庞蒂指出，这种彻底的怀疑总是发生在取之不尽、用之不竭的宝库之中。将世界视为不存在意味着什么？我们可以想象世界上的事物消失了，地球本身不存在了。我们可以想象一幅太阳系地图，其中的世界被删除了，或者说，所有的行星都被删除了，所有的恒星和星系都被抹去了，变成了一个漆黑的世界。但这并不是梅洛-庞蒂所说的世界。在知觉中，我不仅意识到世界的物体、土壤的成分和天空中的星星；知觉还由该知觉被否定的可能，以及其他知觉出现的无尽可能性所规定。用格式塔理论的语言来说，背景不仅仅是知觉中没有被关注的方面，它也是知觉的可能性。如果我们想象存在于这个没有可见物体、没有行星、没有恒星的黑暗世界中，那么在这个想象的黑暗中，我们仍然在某个地方，拥有可能从虚无中产生的新可能性的宝库。

我们倾向于将可量化的事物与客观性相提并论，这也往往忽略了事物之间的联系及其改变所处环境的方式。当世界利用其无限的宝库，将某种事物带入现实时，其他一切都会因这种可能性成为现实而发生改变。但是，与可以从世界上消失的事物不同，诞生的特点是抗拒消失：

> 我出生的事件并没有完全消逝，它并没有像客观世界的事件那样归于虚无，因为它承诺了一个完整的未来，不是原因（cause）规定结果（effect），而是一种处境，一旦被创造出来，就必然导致某种后果（outcome）。从此，世界有了新的"初始环境"（setting），有了崭新的意义层。在一个新生儿诞生的家中，所有物品的意义都发生了变化；它们开始等待儿童的某种尚未规定的处理方式；另一个完全不同的人出现在那里，一个崭新的、或长或短的个人历史刚刚开始，另一种解释已经开启。(*PP* 407)

我的最初经验是向世界敞开我自己。我不是带着规定我之存在的一系列本能冲动，完全成形地来到这里，也不是作为一块空空的石板，等待着被雕琢出我的形状。相反，我是作为一个动态的、活生生的存在，不断地结构化和重新结构化我的周遭环境。

在本章中，我们看到了梅洛-庞蒂描述的我们对世界和他人的历史性的原初经验的轮廓。此外，我们还发现，在我们的成人生活中，这种历史性的原初经验也是首要的。现在，我们将转向梅洛-庞蒂的儿童心理学和教育学讲座，探讨他对儿童的描述、儿童与成人的关系以及儿童与世界的互动。下一章将通过探讨对梅洛-庞蒂作品产生影响的主要理论：现象学、格式塔理论和精神分析来介绍这些讲座。

# 第二章　现象学、格式塔理论和精神分析

本章将讨论索邦大学讲座中哲学与心理学之间的关系，介绍现象学、格式塔理论和精神分析这三种理论是如何塑造梅洛－庞蒂的作品的。梅洛－庞蒂论证了现象学理论与实验实践（experimental praxis）的相关性，以及心理学和人类学研究与人类经验现象学的相关性。梅洛－庞蒂将现象学的原初的、前科学的经验概念、格式塔理论的"图型－背景"模型和精神分析的无意识概念联系起来，作为对活生生的经验中隐含要素的交叉和平行研究。这些方法的结合被视为理解儿童的最佳方式，此外，对儿童的研究有助于让人们注意到我们对成年经验思考的局限性。

**现象学**

十九世纪末二十世纪初，人类学研究兴趣的兴起有助于瓦解欧洲传统的单一文化主义意识形态。在人们逐渐认识到社会生活可能存在截然不同的风格的同时，马克思主义、尼采和弗洛

伊德思想中对哲学真理的全面批判使我们更加疏离了普遍真理的信念。此外，科学中的达尔文革命表明，从我们的运动技能到性欲，一切都可以用进化论来解释。

完全的进化论或经济史方法，以其激进的形式，几乎没有为我们提供进入个人主体经验的途径。当行为被解释为遗传物质自我繁殖需求的结果或个人在经济发展中的历史地位这类故事时，个人的主体性经验就消失了。如果我是我的性驱力、我的社会经济地位和我的基因构成的棋子，那么我的经验又有什么意义呢？它似乎是一种副现象，一种进化论的好奇心，或者是政治压迫的表现场所。

梅洛-庞蒂在索邦大学的演讲中采取了一种令人信服的立场，他将经验研究与现象学方法融为一体。在《行为的结构》与《知觉现象学》中，梅洛-庞蒂对儿童经验进行了早期思考，并在此基础上进行了扩展，将实验心理学、神经学和文化人类学融为一体。儿童的经验是研究心理物理成熟和文化如何影响发展这一复杂性的理想场所。在儿童身上，我们还发现了一种自发的反应、塑造和改变能力。因此，个体保留了其"个性"，而不仅仅是生物的和社会规定的产物。

在传统的哲学讨论中，儿童往往被视为没有充分的自由，无法将作为独特个体的自己与其他儿童区分开来。与动物一样，儿童还不具备足够的能力来控制自己的行为或为自己的行为负责。但与动物不同的是，儿童的命运是最终成为理性的个体，参与成人世界中自由的和有意识的互动。这类解释确实为我们提供

## 第二章　现象学、格式塔理论和精神分析

了不把父母的罪过归咎于儿童的理由，因为儿童被认为在很大程度上无法挣脱他们的生理命运和教养的规定，但却无法准确解释成年经验的独特性是如何从童年的非理性的共性中产生。无论是文化理论还是科学理论，往往都是从成年生命出发，所期望的儿童相关的经验只是那些在成熟经验中以某种形式所发现的。正如梅洛-庞蒂在1949—1950年的演讲《儿童意识中的结构与冲突》中所指出的，这种方法无法捕捉到儿童行为中**积极**而**独特**的方面（*CPP* 134）。心理学关注的是儿童的行为，例如，儿童的语言尚未达到成年时期的流畅程度。将儿童视为需要走向成年的人，过分强调了儿童所缺乏的东西，而不是儿童所拥有的东西。

梅洛-庞蒂认为，正是儿童"揭示了所有人类生活的某种共同基础，各种文化差异正是在这一基础上形成的。在儿童身上，所有这些可能的形式都被重新发现了轮廓"（*CPP* 156）。如果我们只在儿童身上寻找成人的影子，我们就会忽略成人行为还存在其他可能性的想法。现在的情况似乎是注定的，不可能改变。为了把握儿童独特而自发的经验，我们必须避免盲目地使用成人意义的语言。梅洛-庞蒂对儿童经验的讨论在很大程度上可以看作是一种尝试，他试图找到一种途径，将儿童经验作为**儿童的**经验来表达，而不仅仅是将其与我们可能拥有的其他哲学和心理学的先入之见（investments）联系起来。梅洛-庞蒂广泛地论述了我们成年的先入之见，包括我们的理论上的先入之见，是如何经常导致我们误解儿童的。他讲道，我们的概念不可能捕捉到儿童的独特视角，因此，如果我们的计划是为了更好地

理解成人的经验,就不可能理解是什么影响了我们自己的成人行为。"然而,在儿童心理学中,有必要避免使用这些成人概念,甚至避免使用成人词汇。为了避免篡改儿童的思想,我们必须用一种新的语言来描述儿童的思想,脱离成人语言的区别。"(*CPP* 142)

哲学家可能会说,关于心灵状态、人类行为和发展的讨论都非常有趣,但它仍然是人类学的一部分,而不是哲学。梅洛-庞蒂认为,心理学不仅是一项受到细致描述方法密切影响的工作,也是一项与哲学探索并行不悖的工作。他主要通过参考和思考胡塞尔的现象学来探讨心理学与哲学的联系。在阅读过程中,胡塞尔自身的理论促使他将心理学和现象学视为相互影响的学科。

梅洛-庞蒂认为,心理学的科学转向——心理学对其自身未经审视的方法论假设进行质疑——是一个分水岭,因为它开启了真正的自我审视。心理学不再仅仅是实证主义不加反思的婢女,而是成为了一种解决自身存在问题的方法论。"自 1900 年以来,所有科学方法论都朝着这个方向发展。科学不再像约翰·斯图亚特·密尔(John Stuart Mill)那样将自己视为诸事实的登记(registration),而是将自己视为一种概念的建构,它允许对事实进行排序和协调。"(*CPP* 341)因此,心理学得以从唯物论和唯心论的思想两极[1]的争论中解脱出来,回到对身体和心灵状态之

---

[1] 这里应该是作者的笔误,在形而上学中与唯物论对立的理论应为唯灵论,而在知识论中与唯心论对立的理论则是实在论。——译者注

间关系的细致研究中。"这种对客体的与主体的关系的修正,使心理学得以超越客体主义经验论和主体主义内省论的交替选择。"(341)在梅洛-庞蒂《知觉现象学》的部分内容对科学大加挞伐之后,又在他的心理学中读到对"科学"方法论的如此推崇,可能会让人感到惊讶。然而,重要的是要知道,梅洛-庞蒂在《知觉现象学》中批判了对科学的不容置疑的**信仰**(faith),批判了那种认为人们可以简单地去"收集事实"的观念,仿佛事实就像鹅卵石一样躺在外面,等待着人们去收集和整理。梅洛-庞蒂称赞科学方法论考虑到了其研究的解释性。如果心理学变得具有自我意识(self-conscious),它就能达到构建一门恰当构想的现象学所具有的严谨性。

梅洛-庞蒂强调了这种新心理学所带来的三个关键范式转变。首先是修订了对客观和主观的理解。我们需要一种包含主观标准的方法论,因为"客观"(the objective)本身就是一种主观的、人类的概念。其次,心理学重新整合了生命体,尤其是神经系统:"心理学认识到,把研究身体,特别是神经系统作为理解心灵的手段(例如,根据语言功能来解释语言)是一种神秘化。"(*CPP* 341)梅洛-庞蒂继续指出,这种"神秘化"是以前的唯物主义理想造成的,人们认为只有生理学才能解释心理学。相反,心理学发现,人们必须在行为、行动的背景下理解生理学,而不是把生理学当作一个有意义的所予,却与一个有生命、有行动的存在没有对应关系。最后,心理学不再重普遍(the general)而轻个体(the individual):"所有客观的理解并不一定是一般的理解。科学没有理由贬低对个体（the individual）和个别（the singular）的理解。"（341）心理学开始对个案进行深入研究，从而像现象学的细致描述一样，提供了对人类状况更精妙的理解。

在这一点上，心理学家可能会插话，质疑现象学与心理学之间的这种趋同是否会使心理学在转向科学、远离哲学的过程中所取得的成果付之东流。细致的现象学描述并不容易被实验或量化所取代。事实上，我们甚至可以说，这种心理学会因为这种拟人化的描述而失去其客观性。梅洛-庞蒂认为，从描述人类状况出发是不可避免的。试图使心理学摆脱其最初的人类立场并不能使心理学变得更加客观。"客观性的理想如果仅仅是对外部所予的简单记述，那它就是一个骗局，因为外部世界总是从人的处境中把握的。"（*CPP* 345）我们必须转向心理学和现象学对活生生的经验的研究，以了解人类处境的基本要素。只有这样，我们才能找到真正的心理学，而不是内省主义（否认外部处境的相关性）或客体主义（否认我们人类状况的规定性）。

与梅洛-庞蒂的时代相比，今天的心理学更希望通过标准化的研究方法和量化的研究结果来变得更加客观。与详细描述某个具体案例相比，能够对大量个案进行统计测量的实验能提供更客观的数据。毋庸置疑的假设是，由于量化的结果对个体状态的偶然性依赖程度较低，因此更容易接受批判性方法，从而使科学取得真正的进步。此外，我们假设更多的案例更能说明行为的一般模式。我们不是深入地分析几个案例，而是调查特定情况下的许多案例，以便对我们的假设进行真正的检验。因此，深度分析

## 第二章　现象学、格式塔理论和精神分析

少数人的精神分析方法远不如对一千人进行大规模调查更能说明问题。

与"科学"心理学的这一趋势相反，梅洛-庞蒂引用戈尔施泰因的话，认为"如果专门的深度研究（in-depth study）确实是一项深入的工作的话，其价值不亚于对无数案例的肤浅研究，甚至有过之而无不及"（*CPP* 386）。科学心理学关注的问题之一是，对特定案例的深度研究会让我们迷失在该案例的特殊性中。我们或许可以很好地勾勒出这一特殊案例，但它又能告诉我们关于人类**普遍**（general）状况的什么呢？梅洛-庞蒂承认，心理学的确想提供一种普遍性的描述，但它弄错了什么样的普遍性才是最有价值的：

> "普遍性"（generality）的概念有两种含义：一种是在研究大量案例时发现的普遍性（因此，案例越简略，普遍性就越大）；另一种是在回归具体现象的核心时获得的普遍性，在这种情况下，我们所处理的是"本质的普遍性"。然而，心理学家最常使用的是统计上的普遍性：他们发现三岁是"否定性的年龄"（the age of negativism），并根据这一论断对所有观察结果进行比较。但这样一来，他们就再也无法解释任何东西了；他们只是给某些事实命名，却没有解释它们。心理学应该告诉我们为什么会出现这种现象。（*CPP* 387）

只有通过深度研究才能发现本质的普遍性。统计研究如果只是简单地提及从多个案例中得出的普遍性，那么我们得到的只是事件的概要，而没有解释框架。为了解释现象的**生成**（genesis），心理学必须接受而不是否认其解释方法。虽然对所有三岁儿童的全面调查可能会提供一些信息，但这些信息只有**在**关于人类发展和儿童本质的隐含或明确的理论**之中**才能被理解。梅洛－庞蒂担心，如果我们认为可以从统计研究转向理论，就会强化我们的偏见倾向，即认为所有过去的行为都只是我们现在行为的前兆。我们将排除童年经验的独特性。正如对简单经验主义的批判所指出的，感觉材料本身并不能为我们提供意义。我们必须将感觉经验与为这种经验提供意义的框架结合起来。同样，统计研究也类似于未经任何分析的纯粹感觉材料。没有解释框架，我们就无法评估其相关性。深度研究能让我们看到人类经验的复杂性，从而为我们提供了理解科学研究的框架。

梅洛－庞蒂认为，胡塞尔意识到了心理学与现象学之间密切而平行的联系。与马克斯·舍勒和马丁·海德格尔明确划分心理学与哲学的界限不同，胡塞尔理解两者之间的"秘密联系"："舍勒和海德格尔都肯定了存在论的（ontological）和存在者层面的（ontical）对立，以及哲学与实证科学的对立。相反，胡塞尔指出了这两种研究秩序之间的秘密联系。"（*CPP* 337）梅洛－庞蒂认为，胡塞尔与他本人一样，希望消除哲学与科学之间的界限。"胡塞尔说哲学是'人性的公仆'（humanity's civil servant）。"（317）

尽管梅洛－庞蒂在索邦讲演中对各种哲学和科学主张提出

## 第二章 现象学、格式塔理论和精神分析

了批评,但他仍然坚持所有哲学理论都源于相同的世界经验这一观念。例如,笛卡尔主义二元论者认为,在形而上学意义上,心灵与身体截然不同。这种观点认为,心灵没有物理属性,不像身体那样寓居于空间和时间之中。梅洛－庞蒂的《知觉现象学》写于索邦大学演讲的前几年,这本书可以看作对于二元论观点为何从根本上误解了知觉、知识和我们的具身状态的长篇探讨。我们可以得出这样的结论:如果这种理论——这里指二元论——失败了,我们就应该摒弃它,转向更复杂的理论。但梅洛－庞蒂提出的观点是,任何理论都与其他任何理论、实践或叙事一样,源自同一个世界。从这个意义上说,所有理论,无论多么晦涩难懂或无中生有,都包含着某种真理:它们的存在起源的真理。每一种理论背后都有一个"为什么",它诉说着与我们活生生的经验的原始关联或驱动。二元论捕捉到了这样一个真理:我们不是石头或椅子之类的"自在之物"(things-in-themselves),而是"为我们之物"(things-for-ourselves)——我们拥有意识状态,这种状态可以表现为对我们身体经验的一种神奇的附加物。这种意识从何而来?为什么其他事物没有这种意识?治疗师会尝试找出来访者世界观背后的原因,即使表面看来是错误的,也不会否定它。同样,我们也可以找到每种理论背后的真理。即使是最天马行空的信念,也仍然是产生于我们生命世界的信念。

现象学中的描述方法并不是开始于评估某一特定理论的结论,而是开始于以描述的方式来阐明某一理论的构建。现象学并不一开始就论证某种哲学或科学方法是错误的;它暂不评判任何

理论的对错，而是寻找普遍的人类本原。因此，现象学将自己应用于我们经验的一个特定方面，如感知，同时也对探索的方法和原因进行不断的评估：知觉的心理学或哲学也是如此。

梅洛－庞蒂认为胡塞尔的筹划对所有经验和理论都具有类似的开放性。胡塞尔向我们展示了一种描述性的、自我批判性的根源探索。他认为，我们需要暂停所有的条件作用，无论是生物的、心理的还是文化的，但他并不否认这些条件作用的存在或相关性。这种包容性的方法取决于我们对理论中的真理持开放态度，即使我们不同意其结论。此外，即使是理想的理论，其本身也不可避免地植根于活生生的经验，永远无法捕捉到一个普遍的图景。梅洛－庞蒂在 1951—1952 年的演讲《人文科学与现象学》（"Human Sciences and Phenomenology"）中指出："即使是哲学家也会进入我们经验的流动之中；即使是假装主宰的思想也会进入经验之中，并在经验中占有一席之地。"（*CPP* 319）正如他在《知觉现象学》序言中的著名论述，不可能有完全的还原。"还原给我们的最重要的教训就是不可能完全还原。"（*PP* xiv）在梅洛－庞蒂对胡塞尔的阐释中，现象学将自身理解为产生于现象学家所处的人类境况。

原则上，心理学和哲学都源于这一相同的原始立场；两者都不能在经验之外享有特权地位。任何科学或哲学所涉及的人类经验都不是某种抽象的"自然状态"，而是发生在不断变化的历史、文化和社会环境中的经验。梅洛－庞蒂认为，哲学与人文科学的契合点就在于这种共同的历史和经验基础：

## 第二章 现象学、格式塔理论和精神分析

> 哲学仍处于我们思想的界域上，是可能的运作的极限，只有在开放式的历史进程中才能得到验证。因此，哲学不是对古代哲学实体（如永恒真理等）的重申，而是对与所有人文科学研究兼容的整体哲学的阐述。(*CPP* 320)

他强调，在探讨和描述人类历史状况时，现象学并没有使人文科学的主张相对化，而是实际上为它们提供了一种严谨的方法，将它们从无根据的、非历史的分析中拉了出来。梅洛－庞蒂总结道，正是现象学最好地抓住了哲学和其他科学中经验和经验研究的本质。

正如鲁道夫·贝内特（Rudolf Bernet）、伊索·耿宁（Iso Kern）和爱德华·马尔巴赫（Eduard Marbach）所指出的，胡塞尔在1920年之后的著作确实声称为心理学提供了概念基础。胡塞尔的目标是"建立一门包含所有积极科学并建立在终极哲学基础之上的普遍科学的理想"（Bernet, Kern, and Marbach 1999, 218）。虽然心理学作为对心理事件的研究，与许多哲学问题密切相关，但它本身并不一定关注与其他知识领域的关联方式。为科学提供实际解释的是哲学，或者更准确地说，是现象学。胡塞尔关注的是科学的根本基础以及这一基础的必然结构。

然而，在胡塞尔的著作中，有些地方似乎很难理解哲学与心理学之间的区别。胡塞尔在1925年出版的《现象学心理学》（*Phenomenological Psychology*）讲座中写道，我们需要回到前科学的经验世界。胡塞尔写道，我们需要弄清楚是什么赋予了任

何一种特定的科学探索"其本质上的统一性，以及它是如何在其最初的感性起源的基础上，从内部和外部产生本质上的分支"（Husserl 1977，39）。看来，既然心理学和哲学都在探索这种前科学的生活世界，它们难道不是一回事吗？胡塞尔强调，心理学是一门**"关于心理事实的最普遍的形式和法则的科学"**（Husserl 1977，39，强调为原文所加）。梅洛-庞蒂认为，胡塞尔自己的论述表明，要正确地发现任何心理学本质，就必须把握其现象学意义。现象学不是，也不应该是某种主体性的内省（这正是胡塞尔对现象学中任何一种心理主义的担忧）。然而，这种担忧并不意味着心理学不能自觉地意识到自己的朴素性（naiveté）并加以克服。在梅洛-庞蒂看来，任何研究都能够与现象学汇合，成为真正的哲学：

> 哲学应该发现科学家［智者（savant）］所描述的现象的意义。哲学的作用是重新构建物理学家所看到的世界，但要加上科学家没有提到的、由他与性质的世界（qualitative world）接触所提供的"边缘"。这个方案对我们仍然有价值；心理学和哲学之间不会有任何区别。心理学始终是一种隐含的、开端的哲学，而哲学从未完成与事实的接触。(*CPP* 7)

每一种经验都揭示了我们与世界的原初的关联，不准确或误导性的意识形态与正确、富有成果的理论一样，都是我们境况的征候。我们在哲学和心理学中一次又一次地回到人类发展、动机、行为、信念和思想等基本问题上，就表明了这一不变的开端。实存的事实不是哲学所回避的，而恰恰是哲学实践所需要的。

胡塞尔赞同所有科学都在现象学所揭示的统一性中相互联系，所有经验都必须建立在一种原始的、前科学的经验之上。因此，一切经验，包括建立科学或制定理论的经验，都必须源于这种共同的经验。然而，对于胡塞尔来说，他的筹划是界定科学世界与生活世界之间的关联，并解释生活世界构建的复杂性。梅洛-庞蒂承认他自己的解释很可能不会受到胡塞尔的欢迎，他指出胡塞尔认为心理学的运作不需要质疑常识的有效性（*CPP* 322-323）。在胡塞尔看来，心理学使用的是一种对人类主体的朴素看法，因此不可能是自我奠基的（self-grounding）。在胡塞尔看来，现象学是心理学的物理学（psychology's physics）之几何学；几何学可以独立于物理学，但并非反之亦然。

然而，梅洛-庞蒂与胡塞尔关于心理学与现象学之间联系的观点的真正区别，似乎并不在于常识的价值，而在于一个考虑心理学的现象学家与一个使用现象学方法的心理学家的工作之间会有何不同。在胡塞尔看来，现象学家研究的是一个由基础性的概念及其关联构成的复杂体系，而这些基础性的概念和关联则来自对前科学的生命世界的洞察，它是包括科学理论和实践在内的所有理论和实践的基础。心理学家无疑是最接近哲学的研究者之一，但并不一定需要关注所有基础性的概念及其如何为科学提供依据。梅洛-庞蒂在索邦大学的讲演中似乎基本上不关心从严格的方法出发对哲学和人文科学进行细致的分类。相反，他的研究不断回归到描述前科学的原始经验，这种经验统一了人类的所有境况，同时又提供了人类的无限多样性。有鉴于此，哲学与心理学之间几乎没有什么区别，只是通过不同的棱镜来探讨原初经验的问题。

## 格式塔理论

二十世纪，经验科学与哲学之间日益分道扬镳，这个问题受到了众多哲学家的关注。与胡塞尔和梅洛-庞蒂一样，柏格森对心理学和哲学中的科学主义进行了严厉的批判。然而，梅洛-庞蒂推崇胡塞尔的著作，却在很大程度上对柏格森的著作持批判态度，尽管柏格森的活力论（vitalism）似乎与梅洛-庞蒂对具身性的关注有着密切联系。在梅洛-庞蒂看来，柏格森的活力论并没有克服科学主义的问题，相反，它形成了一种构思拙劣的唯心论，是一个同样站不住脚的反题。尽管柏格森使用了生命的术语，但他的（理论）模型未能准确地捕捉到经验，活生生的经验被降格为抽象的概念。在柏格森那里，我们失去了身体的物理性质——它的皮肤、感觉、神经和消化系统。身体并不像科学家所描述的那样是一个物体；然而，柏格森的活力论却将活生生的身体变成了一个纯粹化了的抽象概念，无法对其进行研究，也无法将其与经验研究联系起来，从而逃离了科学的客观性。"对于心理学家来说，柏格森提出的这种活生生的经验的概

## 第二章 现象学、格式塔理论和精神分析

念是一种无法表达的观念。柏格森本人在解释他所说的活生生的经验是什么意思时,借助了语言作为咒语和隐喻的粗略理论,为他们的论点提供了弹药。"(*CPP* 340)解决之道是保持对实际经验研究的回应和联系,而不是陷入简单的唯物论。在梅洛-庞蒂看来,戈尔施泰因是正确处理具身化问题的典范:"我们再一次看到了实验研究与现象学方法要求之间非刻意趋同的典范。"(*CPP* 361)作为一名神经学家,戈尔施泰因并不想否认科学发现必然是存在者层次上的(ontic),并彻头彻尾地受到唯物论教条的污染。但与此同时,戈尔施泰因并没有从生理学的预设定义出发,因为这会极大地限制他对神经学的研究。

不去限制生理学的定义意味着什么?除了物理身体的性质之外,生理学还能是什么?梅洛-庞蒂认为戈尔施泰因正确地避免了这种偏见。**行为**必须被整合进生理学;生理学不能停留在对身体各物理部分的分析上。只有当研究行动着的、活生生的和正在经历的(acting, living and experiencing)身体时,生理学作为一门研究才会具有连贯性。明了解剖台上的身体的医生并不必然了解活生生的经验。

戈尔施泰因之所以受到称赞,还因为他关注个体的完整现象学,而不是从症状倒推到"原因"。当一个人把注意力集中在症状上,而忽略了机体生命的其他部分时,他就会假定症状有一个单一的原因,而这个原因在所有被试身上都是相似的。这种"客观"心理学的偏见在戈尔施泰因的实验中得到了强调,他在实验中解释了由脑损伤引起的特定病理是如何不能仅仅依靠损伤

的生理位置来阐明的。相反，这需要了解病人在受伤后是**如何重新结构自己的世界的**。只有这样，我们才能理解损伤的后果以及病理本身。例如，如果不提及受损的语言模式（即患者的行为），就无法理解失语症。对于《行为的结构》一书的读者来说，梅洛-庞蒂的论点并不陌生，他认为我们不能离开行为而去寻找"真实"，就像寻找物理本源一样，而是要坚持这样一种观点，即对行为的分析内在地需要进行一种生理分析。

尽管梅洛-庞蒂承认身体发育和身体损伤（或疾病）对个人的改变作用，但他也谨慎地承认，我们对这些改变的研究本身总是位于特定的时间、地点和历史之中，因此，它们总是一种被文化性所规定的研究。梅洛-庞蒂在索邦大学的演讲中，寻求一种更具活力和综合性的人类发展方法，反对唯物论或理智论的观点。对他来说，心理学始终是人类的努力，因此始终是解释性的。

标准格式塔理论描述了我们对一个图形的知觉如何总是受到背景的影响。当我说我在看一棵树时，让这棵树成为一种有意义的感知的，不仅仅是对这棵树"作为一棵树"的识别，还有对这棵树的知觉所发生的视觉和运动空间。我们在讨论知觉的时候，往往会忽略一些隐含的背景元素，而正是这些背景元素让我们对图形（这儿是一棵树）产生了有意义的知觉。当我们知觉到一种视错觉时，就会发现知觉并不仅仅是对知觉对象的有意识记录。就拿常见的错觉图像来说，人们看到的要么是一个花瓶，要么是两张人脸。奇怪的是，视觉所予是相同的，但人的知觉却不稳定，会在"看到"花瓶或"看到"两张脸之间徘徊。如果感知

## 第二章　现象学、格式塔理论和精神分析

只是视觉给予的记录,那么视错觉似乎就无法得到解释了。如果在"面容"上画上两个人体,"花瓶"的图像就会消失,因为现在已经为这个图像提供了一个稳定的背景。背景通常不属于我们的明晰觉察,但它在任何知觉中都起着非常重要的作用。

在索邦大学的讲座中,格式塔心理学与《知觉现象学》和《行为的结构》一样,是对儿童经验进行积极描述的共同灵感来源。格式塔心理学提出了这样一种观点,即儿童在识别和表征对象方面可能确实表现出不成熟,但这并不意味着儿童的知觉在某种程度上不如成人的知觉有条理。相反,与成人以表征和以图型为中心的知觉相比,儿童与知觉的实际结构联系更为紧密,对背景的意识更强。背景的概念不仅适用于特定的静态知觉,还包括我们活生生的、不断变化的知觉世界。在格式塔理论中,一种一般性的、非主题的背景是离散的和新的经验的基础。格式塔心理学告诉我们,婴儿的感知从一开始就是结构化的。婴儿经验的是一个感觉的世界,而不是一组不连贯的随机视觉所予。梅洛-庞蒂说:"所有这一切都证实了这样一个事实,即婴儿的经验并不是以一片混乱开始的,而是以一个**已经在进行中的世界**(un monde déjà)开始的。"(*CPP* 148)如果没有背景,或者说没有"已经在进行中的世界",就不可能有图型-知觉。我无法学习,我无法接触新事物,我无法发展,除非我已经有了一个位置(place),在这里,我可以(至少是暂时地)将具有挑战性的和崭新的经验置于其中。

梅洛-庞蒂区分了两种理解知觉理智(perceptual intelligence)

的方法：古典理论和皮亚杰理论。古典的、新康德主义的理论认为，判断力或理智在某种程度上是把自己加到了原始的物理所予上。在这种概念中，知觉本身并无意义。这种模式不仅无法解释知觉，也无法理解人类的发展。一个人是如何"学会"这些恰当的判断的？然而，皮亚杰并没有充分脱离古典传统，因为这种感觉－运动理智（sensory-motor intelligence）本身就成了一种休谟式的感觉材料的集合："对皮亚杰来说，感觉运动理智要么是**观念的联想**，要么是**逻辑的运算**。"（CPP 152）皮亚杰也讨论了知觉在理智和发展中的作用，但他把知觉归结为理智的一种功能。他的理论未能捕捉到儿童是如何体验整个世界的。梅洛－庞蒂说："因此，他的所有研究都把知觉描述为一种不完整的理智，而不是一种积极的事实。此外，皮亚杰还缺乏对其他重要事物的理解：**被儿童知觉的世界**。"（Ibid.）

皮亚杰对知觉和理智的理解无法解释他的各种图式是**如何**运作的，也就无法解释发展是如何发生的。如果理智是对象具有永恒性的必要条件，那么皮亚杰似乎又回到了传统的两难境地。知觉如何为理智提供信息、教导和挑战？皮亚杰拒绝接受格式塔的分析，即知觉中蕴含着一种秩序，因为他认为接受这种分析就等于把理智和知觉混为一谈。他没有考虑到的另一种情况是，知觉中的"理智"与判断和抽象思维中的理智是不同的。

我们需要的是一种积极的儿童知觉概念，而不是回到旧模式中，把儿童看作不完整的成人。皮亚杰对古典理论以及任何将理智归结为知觉的格式塔心理学的批评都是正确的。这种"解决

## 第二章 现象学、格式塔理论和精神分析

方案"没有回答关于知觉的任何问题,而是采取了相反的极端。与之不同的是,知觉必须有自己的意义,这种意义提供了对世界进行理智分析的基础。

我们需要回到儿童的具身经验来理解知觉的内在意义。梅洛-庞蒂认为,儿童经验的整体性包括其具身化的感觉。因此,儿童并不把自己的身体理解为"身体",因为这意味着他们已经把自己的身体客体化了。相反,他们的经验是一个统一体:身体、世界和知觉是一个有意义的整体的组成部分。儿童中实存着一种存在图示(schema of being),但还不是一个由离散物体组成的世界。我们需要抽象的理智才能把自己的身体当作对象。说儿童知觉到背景,是说儿童经验到的生活是可感的、有组织的,而不是各种对象和对这些对象的相应判断的综合体。正是这种不断变化的、活生生的原始经验,使我们后来对世界的抽象成为可能。[1]

---

[1] 另一位值得一提的心理学家是亨利·瓦隆(Henri Wallon, 1879—1962),但他既不属于格式塔心理学派,也不属于皮亚杰学派或精神分析学派,我们将在第三章和第五章中对他的理论进行更全面的讨论。瓦隆是二十世纪法国最有影响力的三位儿童心理学家之一(与让·皮亚杰和西格蒙德·弗洛伊德齐名)。瓦隆对英语学界的心理学的影响不大,可能是因为他的作品很少被翻译。瓦隆(1963 年)的儿童心理学强调儿童的自然行为有其自身的意义。皮亚杰的心理学被视为将儿童强加于一个预设的发展图式中,在这个图式中,成年经验被假定为与外部世界最全面、最准确的联系。梅洛-庞蒂在谈到瓦隆的著作时说:"在这里,我们不再是客观主义心理学,而是研究行为内容以**抓住其意义**的心理学。"(*CPP* 349,着重号原文如此)瓦隆和库尔特·戈尔施泰因一样,并不假定相同的行为必须基于相同的内在意义。因此,我们可能会做这样的研究:一些儿童产生了相同的行为,但除非我们深入研究特定的案例,否则我们无法确定这些行为都是出于相同的原因。

优秀的心理学家能够把握"儿童成长的全过程"(*CPP* 388)。儿童处于"成为"(becoming)而非"存在"(being)的状态,因为儿童尚未将自己的生活与整个世界隔离开来。在知觉中,儿童还没有学会将抽象的表征赋予图型的地位,从而使其与背景环境中的固有位置拉开距离。成年后,我们会因社会、文化和正规教育而有所得,也会有所失。我们更善于表现我们所知觉的事物,也更善于将我们所知觉的事物简化为各个组成部分。我们能够更好地改变我们的视角,并将自己想象成可能的变化对象。然而,这种将"图型"从"背景"中抽象出来的能力意味着,我们往往会贬低和忽视我们体验的背景的相关性。

**精神分析**

梅洛-庞蒂在索邦大学的演讲中始终认为,必须将儿童的发展理解为一个动态的过程,而不是按部就班地完成各个阶段。儿童发展理论希望将儿童的发展分为连续的阶段,并实现连续的能力,如知觉、运动和认知技能。这种理论对自身进行理念化,使得自身更加客观,它对科学方法的信心来自通过实验来了解儿童是否掌握了这些不同的技能。然而,在梅洛-庞蒂看来,格式塔理论和精神分析能更好地理解儿童的经验,因为这些方法理解儿童经验的语境的、时间的和个人的方面,而科学心理学对其"伪客观性"的沉迷使得儿童的行为在揭示其本质特征之前就对儿童进行了过度规定:

## 第二章　现象学、格式塔理论和精神分析

> 伪客观思想缺乏儿童生活的构建性的真理。原子论的构想是不可能的，因为这种思维模式是在静态地割裂（découpage）儿童的发展。然而，如果儿童是动态整体中的一个瞬间，那么就不可能对婴儿的行为进行剖析（découper）。(*CPP* 382)

本节重点讨论梅洛－庞蒂对精神分析的解释。与他对皮亚杰的总结一样，梅洛－庞蒂对弗洛伊德作品的想法有时似乎也是基于对弗洛伊德本人文本的粗浅了解。梅洛－庞蒂有时意识到自己与精神分析理论的分歧如此之大，有时却又写得好像他只是在表达精神分析理论自明的结论。例如，梅洛－庞蒂讲道，弗洛伊德认为存在着一种"伊莱克特拉情结"（Electra complex），这不仅是弗洛伊德没有论证过的，而且实际上是他所反对的（*CPP* 88）。卡尔·荣格（Carl Jung，1970）正是以这个名字提出了少女性欲理论。梅洛－庞蒂之所以会有弗洛伊德的"伊莱克特拉情结"，可能是因为弗洛伊德的许多著作直到20世纪50年代或更晚才被翻译成法文。梅洛－庞蒂虽然读过德文，但他在解读弗洛伊德时的一些错误可能是由于一些法国的弗洛伊德理论家对弗洛伊德的解释所造成的，因为缺乏翻译，梅洛－庞蒂严重依赖二手资料的叙述。我的重点是对梅洛－庞蒂关于精神分析重要性的思想进行连贯的阐述，并在此过程中避免辨别梅洛－庞蒂对弗洛伊德理论理解的真伪。

梅洛－庞蒂认为，理解精神分析理论的所指一般有两种方

法：广义和狭义（*CPP* 72）。狭义的精神分析理论涉及对儿童性发展及其对成人行为影响的严格解释，如弗洛伊德在《性学三论》（*Three Essays on the Theory of Sexuality*，1905）中所探讨的。狭义的精神分析解释侧重于成人的行为是如何由早年的经历和对童年创伤的逐步压抑所构成的。弗洛伊德准确地理解了儿童个人的家庭和处境的重要性；然而，狭义的弗洛伊德诠释接近于科学心理学对描绘儿童发展阶段的痴迷。这样，它就有一种将行为内部化和历史化的倾向。例如，神经官能症是早期未解决冲突的症状。要解释现在的行为，就必须追溯个人的过去，找到现在行为的**原因**。

在弗洛伊德理论中，对个体性和心理发展的狭义分析是至关重要的，而梅洛-庞蒂则认为精神分析理论的广义阐释更为尖锐和贴切。他对广义精神分析理论的阐释有两种方式：一种是将其视为一种历史和文化分析，如弗洛伊德的《图腾与禁忌》（*Totem and Taboo*，1913）、《幻觉的未来》（*The Future of an Illusion*，1927）和《文明及其不满》（*Civilization and Its Discontents*，1930）；另一种是反对狭义的个人行为由早期事件"造成"（caused）的观点。梅洛-庞蒂认为，广义的精神分析更好地理解了个人如何构建和参与当前的行为。他讲到，这种对人类行为的动态和更广义的理解主导了弗洛伊德职业生涯的后期，并体现在加斯东·巴什拉（Gaston Bachelard）和让-保罗·萨特（Jean-Paul Sartre）的存在主义精神分析、雅克·拉康理论中关于家庭情结的研究以及波利策的《心理学基础批判》（*Critique des fondements de la psychologie*，1968）中。

广义的精神分析认为，规定成年行为的幼年创伤会不断地被成人重温和强化。早年的创伤并不是深埋在个体的心理（psyche）深处，以某种方式对个体的成年行为产生特定的负面影响，而是在很大程度上仍然是成年行为结构的一个活生生的部分。无法接受和同化过去的创伤，既与成年生活密不可分，也与最初的童年经验息息相关。

梅洛-庞蒂的精神分析强调，症状并不是个人心灵内部的东西，而是日常生活的一部分。症状的"隐蔽性"（通常需要治疗师来揭示）并不在于它在心理中的深度，而在于它处于经验的**表面**（surface）。格式塔理论中的"背景"概念和胡塞尔的"视域"概念所使用的语言与弗洛伊德的精神分析方法是相辅相成的。我没有意识到自己的病态，并不是因为它无法触及，而是因为它是我日常活生生的经验中的一个非主题化的（nonthematic）部分。

在对精神分析理论的阐释中，梅洛-庞蒂同意波利策的观点，即不存在深层无意识，而是"无意识的概念被矛盾性的概念所取代"（*CPP* 73）。矛盾性更好地捕捉到了一个原始症状——比如梦境——如何永远无法被后一种解释重新捕捉，无论这中解释是由分析师还是被试提出的。只有当我在解梦的同时也能做梦时，我才能准确地描述我的梦境。因为我总是试图在我的当下生活中捕捉过去的状态，所以我提出的任何解释之前状态的意义都会落空。梅洛-庞蒂希望让过去塑造现在，但现在是动态的，并不完全是过去的产物。在梅洛-庞蒂的发展理论中，过去塑造了现在，因为过去形成了一种生活方式，而这种生活方式又被个人的行为所强化。无意识的东西是与个人当前生活相矛盾的东西。它是一种无法被归入现在的过去。

例如，从前对异性父母的强烈情感体验会继续影响成年人与该异性父母、父母的形象和其他的关系。然而，这种情感与被试生活的其余部分、她与父母之间不断发展的联系以及她过去和现在的人际关系并不一致。她对自己的欲望产生了强烈的矛盾心理，这改变了她的行为。矛盾性（ambivalence）或无意识（unconscious）的一面是一种症状，表明她无法将情感中相互冲突的部分调和成一个和谐的整体。由于她无法将这种情感与她当下的经验相协调，因此，尽管这种情感在她的经验中非常重要，但她仍然没有意识到它的存在。将病态行为转变为健康生存模式的斗争源于识别和重新整合病态的困难。在梅洛-庞蒂看来，这种挣扎并不是活生生经验的无意识动力的证明，而是**在活生生的经验之中**的矛盾。

梅洛-庞蒂拒绝将心理（psyche）划分为意识状态和无意识状态等界限分明的部分，因为他强调的是亲历的经验。诚然，经验是混乱的、矛盾的、复杂的，但它始终存在。对无意识的标准解读认为，某些心灵状态是个人无法触及的，因此它们具有力量和神秘性。这种理论所描绘的图景是，无意识不是经验的一部分，而是经验的内在原因。因此，无意识并不完全是存在的，就像一种氛围或经验的一部分，而是驱动经验的内部引擎，这通常是由于个体自我意识的挫败感造成的。或者，无意识也可以被描绘成一个难以接近的结构，内部和外部的所予都在其中进行处理。在这种结构解读中，无意识也不存在于现象的察觉（phenomenal awareness）中。

在梅洛-庞蒂看来，矛盾的无意识在很大程度上是个人主体现象经验的一部分，即使它很难甚至不可能用有意识的表征性语言来捕捉。它类似于知觉背景中的一个元素。当我把注意力转向背景时，它就不再是背景，而变成了一个本身具有隐含背景的图型。同样，矛盾的无意识往往会从我们有意识的"注视"中溜走，因为它没有得到我们成年的理解力的支持。无意识并不控制我们，也不"捉弄"我们；相反，它存在于所有当下同时的（contemporary）经验之下：

> 这不是无意识欺骗我们的问题；神秘化现象认为，所有意识都是一种优先意识；这种意识优先考虑"图型"，往往会忘记"背景"，而没有背景，意识就没有意义（格式塔理论）。尽管我们生活在背景之上，但我们并不了解背景。对我们自己而言，我们就是自己的背景。(*CPP* 380)

矛盾性捕捉到了曾经的经验如何仍能构建一种当下鲜活的经验。我怎么会既知道自己不应该做某事，却又发现自己正在做这件事呢？我为什么以及如何会成为伤害我自己的行为之"共谋"？任何对治疗的抵制，部分原因都是由于被试与自己的行为共谋，即使她并不完全能够理解自己病态背后的动机。这并不是一种知情的、有意识的共谋。最初的时刻并没有从过去伸手扼杀现在；相反，主体经验到了创伤造成的矛盾心理。"矛盾"而非深层无意识的概念更好地描述了"某些行为中模棱两可的一切，对治疗的'抵制'，主体在其中部分地成为同谋，恨的态度同时也是爱，表达为痛苦的欲望，等等"（*CPP* 73）。

广义精神分析所克服的最后一个主要概念是，性驱动力是推动我们实现生殖器性行为的动力。这种狭义的意识形态认为，"换句话说，性是所有情感的投入，同样牵涉生殖器，但在很大程度上又超出了这一范畴"（*CPP* 73-74）。对性的正确、广义的精神分析解释是，性与一般的身体性、一般的身体意识联系在一起，而不仅仅是身体的一部分，即口腔、肛门和生殖器。如果在健康的成年经验中，性仅限于生殖器，那么我们就会发现，除了生殖器性交之外，世界在很大程度上是没有情欲和性色彩的。正如在儿童的泛性论中一样，性欲使得成人生活具有色彩。通过断言弗洛伊德对性的理解是依赖于环境的，梅洛－庞蒂主张对性发展的理解应植根于主体的全面历史、文化和身体条件。

追随拉康的研究，梅洛－庞蒂指出，我们应避免将弗洛伊德的理论视为将儿童过度性欲化的指令。对儿童而言，性并不像成人那样公开和生活化。儿童在经验生活的性的本性（sexual nature）时，并没有将这种感觉完全指向生殖器。如果如上所述，儿童的世界让人联想到格式塔主义的背景，那么性也同样不会被对象化。这并不是说儿童不是关于性的（sexual），而只是说儿童不是有意向地关于性的（intentionally sexual）。

梅洛-庞蒂关于早期经验的整体概念的问题之一是，要理解发展的动机具有挑战性——在这种概念中，我们的行为没有深层的无意识驱动力，性是一般生活模式的一部分。如果儿童对世界的经验是有结构的、有意义的，那么似乎就很难理解人类的成熟。我们为什么不留在儿童的世界里呢？

梅洛-庞蒂在格式塔理论和现象学方法中融合了精神分析的发展理论，认为儿童的具身经验包含了对未来发展的预期，或者说预成熟（pre-maturation）。但这并不是说所有的未来状态都包含在儿童身上，也不是说儿童注定要以某种方式发展。因此，虽然我们可以在童年时期看到我们发展的一些原因，但我们必须小心，不要认为最终的经验是以同样的形式存在于童年时期。例如性行为。在狭隘的精神分析发展理论中，我们可以说，性张力，例如标准的俄狄浦斯情结，是由童年事件引起的。因此，如果一个男人对母亲有无意识的欲望，那么他在童年时一定也有这种欲望，并在后来压抑了这种欲望。但梅洛-庞蒂不同意这样的评价，他指出，正如拉康所指出的，假设成人对性欲的理解和儿童对性欲的理解是相同的，即使它们看起来有相似的对象或发生在同一个人身上，这种假设也是没有意义的。同样，儿童对母亲的情感经验必须以某种方式与成人的情感经验相联系。

梅洛-庞蒂追随拉康，将儿童的发展视为一种期待，在这种期待中，儿童会有一些早熟的经验，而她还没有完全准备好。在这里，我们可以想到幼儿的性游戏，说他们玩爸爸妈妈的游戏

是出于对生殖器性交的渴望是错误的,但说幼儿的游戏与日后的性生活之间没有联系也是错误的:

> 弗洛伊德认为,俄狄浦斯情结是由对异性父母的乱伦依恋造成的。拉康对此表示反对,他认为在四至七岁的儿童身上不可能存在性依恋,因为儿童的性并不与任何确切的经验相对应。在拉康看来,不存在与成人感觉完全一致的感觉。相反,存在着一种期待,正如我们在儿童成长过程中经常发现的那样,这种期待会突然将儿童拉到一个与其年龄相当的心理水平。(*CPP* 87-88)

拉康的观点很宽泛,他没有将儿童的性与任何确切的经验联系起来。我们无法确定哪些经历会导致发展,或者哪些生理变化会导致心理和性的发展。儿童在他们的游戏和行为中期待着未来的发展,这一点在那些还相当不成熟的儿童有时出现的奇怪的成人行为中表现得淋漓尽致。孩子们可能会在年幼时就表现出理智上的早熟,显得睿智和古怪的成熟,然后又重新开始玩乐高积木,看到狗就哭。这种深奥性(profundity)并不是偶然的,它表明孩子们对未来的阶段有期待的痕迹,甚至可能是那些永远不会实现的阶段。

身体的变化也会促进儿童的发展,因为它改变了儿童的生活,并要求重新组织他们的态度、行为和理解能力。但弗洛伊德的天才之处在于他认识到,发展不能仅仅归结为身体变化的记录。"**弗洛伊德是最早认真对待儿童的人之一**,他不是要解释身体机能,而是要说明这些身体机能是在心理动力中发生的……弗洛伊德希望让儿童回到以身体为载体的存在之流。"(*CPP* 280,强调为原文所加)我们不能停留在儿童的世界里,因为我们不能一直是儿童。身体的任何发展都意味着变化。但同时我们也认识到,身体的发展并不能简单地导致心理的发展。一个人必须为身体的变化做好"准备",或者说,一个人可以在身体变化之前就做好准备。与同龄人相比,儿童的生理年龄可能成熟,也可能不成熟。

在青春期,我们看到孩子们玩着性早熟的异性游戏。与此同时,这种回应性(responsibility)的巨大变化,以及随之而来的对自己身体变化的矛盾心理导致儿童表现出幼稚的倾向。他们对进入下一个发展阶段犹豫不决,同时又渴望回到上一个阶段:"同时,我们还发现了对婴儿期的**期待**和**回退**。在这一时期,存在着一种持续的模糊性:对成人生活的渴望和恐惧,对保护的持续需求,同时又有不需要保护的意愿。"(*CPP* 403)这种发展并不仅仅代表儿童围绕身体发育重新构建自己的世界。儿童对成人生活的渴望和恐惧,是由人们对儿童的成人生活的期望所规定的。

例如,第六章将进一步讨论女性青春期的问题。母亲自身对女孩青春期的矛盾情绪会造成一个周期性的共同循环。月经初潮的来临并不意味着女孩毋庸置疑地成为"女人"。梅洛-庞蒂说,她必须将新的身体发育融入她的存在。"月经的出现与青春期绝对不是一回事。一旦月经来潮，一切都尚待进行：将各种元素整合成一个整体。"（*CPP* 405）从母亲的角度来看，她既希望自己的儿童长大成人，又希望自己的女儿仍然是个儿童。母亲自己在期待未来生活和希望回到过去之间也有分裂。健康的、真正的成熟是指一个人确实超越了过去的状态，但仍然保留这些状态，并将其融入新的状态，同时对未来不可避免的变化保持开放的态度。仅有身体上的发展永远不足以实现真正的发展。由于主体部分参与了病态行为的保留，因此主体也需要参与发展。发展不是一种无心灵的驱动力推动着主体；主体必须接受并生活在新的身体中，且找到如何在社会世界中生活的方法。

要强调什么是健康的具身化，一个显而易见的方法就是将其与不健康的病态经验区分开来。梅洛-庞蒂认为，正如他对儿童所做的那样，病态的主体也必须有一种构建其环境的模式。病理学不能仅仅展示我们无须解释的异常现象；或者说，病理学案例的作用仅仅在于它展示了当正常经验被破坏时会发生什么。相反，梅洛-庞蒂认为，必须以类似解释正常发育儿童的方式来解释病理案例。精神病人并不是定义健康人的规则的例外。将儿童的发展视为认知和生理阶段的依次获得的伪客观思想，也倾向于想要排除病态，因为这种行为拒绝符合实验室风格（laboratory-style）的实验：

> 这种"普遍偏见"的另一个方面是排斥病理病例。这是一种前科学的思维模式，它将病态的人与健康的人割

裂开来。我们常说，"这是一种例外情况""例外证实了规则"。但这种"例外"的概念是自相矛盾的，因为恰恰相反，例外使规则失效。事实上，这些"口号"表明了我们认为存在"一般科学"的偏见。一旦获得了普遍性，人们就会把所有的成果拼凑起来，编写出关于《1928年维也纳独特的儿童》的报告。(*CPP* 388)

如果我想描述儿童经验中积极而独特的特点，就必须警惕普遍化（generalizing）。普遍化地描述正确和健康的发展道路，会忽视儿童的个体情况。更重要的是，它从儿童或精神病患者对世界的影响出发，而不是去理解这些影响、这些行为是如何表征这样一种来结构化世界的个人风格（a personal style of structuring the world）。

精神分析病理学概念的规定性特征——情结（the complex）——不仅是病态行为的标志，也是所有行为的标志。鉴于我们的经验具有高度矛盾、不断变化的性质，情结形成了稳定的结构，我们可以围绕这些结构来组织我们的行为。梅洛-庞蒂引用拉康的话说，规定我们人际关系的刻板态度让我们从背景生活的匿名性中解脱出来。"我们必须理解'情结'这个概念，它不是一种健康的塑形，但却是所有正常的塑形的关键（没有'无情结的人'）。"(*CPP* 84) 当我（与他人）互动时，我是以我所确立的一套习惯性角色进行互动的。这些角色并不一定比精神病患者的行为更能适应外部环境的突发状况。事实上，健康人的行为可能更加脱离处境，而正是这种脱离处境的行为使其具有功能性。"情结是一种对特定处境的刻板态度。在某种程度上，情结是行为中最稳定的元素，它是行为特征的集合，而这些特征总是在类似的情境中重现。"（CPP 84）当情结因幼年时期的创伤而无法改变时，它就会变得不稳定，或者说是病态的。

本书强调梅洛-庞蒂式的方法，即从正面看待儿童经验，而不是将其简化为成年经验的最低版本。梅洛-庞蒂还全面地将"病态"意识纳入其中，同样要求对其进行积极的描述。由于我们经常把儿童解释为不完整的成人，因而未能捕捉到童年经验，我们同样倾向于把病态经验视为有缺陷的。相反，梅洛-庞蒂将其视为一个连续体（continuum），揭示了意识的常理（common truths）。这一观点的含义之一是将妄想（delusions）重新解释成具有积极的内容。虽然妄想行为在很大程度上可能是不稳定和非功能性的，但梅洛-庞蒂认为，它仍然为精神病患者提供了一种组织行为的结构。这一次，梅洛-庞蒂在提到阿兰时说："精神失常者的谬误本身并不具有欺骗性，在他们的幻觉中总有一些积极的东西为他们的行为提供依据。"（CPP 177）妄想症患者（delusional patients）确实相信幻觉的真实性，但他们仍然能够区分知觉和幻觉。如果不是这样，我们就会认为很少有幻想症患者（hallucinating patients）能够成功地在房间里谈判。相反，我们会发现他们能够看到家具、门和墙壁，即使他们也可能看到其他物体、事物和人，只是看到的方式不同而已。假设精神病人的幻觉"像"我们的感知，但只是虚假的，这比正确理解他们有自己的感觉更能反映我们对感知世界的偏见。"我们必须

## 第二章　现象学、格式塔理论和精神分析

通过向机体提出比常识更精确的问题来重建症状学。只有当我们到达人格中心的那一刻，真理才会产生。"（CPP 388）

梅洛-庞蒂对现象学、心理学和精神分析之间关系的解释是整合性的。梅洛-庞蒂不愿意把格式塔理论、现象学或精神分析看作相互排斥的方法论或概念，而是把它们看作对人类状况的描述性发展方法能力的重要洞见的三个侧面。在解读胡塞尔的现象学及其与心理学的联系时，梅洛-庞蒂强调原初经验是所有生命和所有理论构建的基础，而不是关注胡塞尔现象学与科学的关系中的基础作用。这样一来，梅洛-庞蒂就不明白为什么现象学和心理学原则上不能在所有方面并行不悖，即使心理学的大部分内容是由不加反思的科学主义主导的。在格式塔心理学对背景的理解中，原初经验也得到了类似的探讨。有意识的经验唤起了我们对感知对象或图像的认识，并使我们对该图像产生意义的领域或背景一无所知。心理学与现象学之间的联系为我们提供了越来越多的工具，用来探索我们的经验中很大程度上当下呈现的东西是如何变得模糊不清。这种联系还表明，虽然我们想要表现、相信、探索或发明的东西可能是由社会和文化规范构建的，但所有人类生活都有一个共同的背景，因此心理学（或现象学）可以找到一些普遍真理，而不会陷入相对主义。梅洛-庞蒂将精神分析作为另一种理论和心理学方法来探索这种共同背景。精神分析给了我们无意识的概念，而不是原初经验或背景。梅洛-庞蒂与其他存在主义者一样，认为这一概念与隐匿在活生生的经验中的隐喻之关系过于密切，而更倾向于矛盾性的概念。矛盾性

可以说明不同发展阶段与先前阶段之间的冲突如何导致不和谐。这可能出现在病态行为中,但也可能是正常发展和对变化的正常调整的一部分。虽然这样的表述忽略了标准精神分析理论的关键要素,但却使梅洛-庞蒂得以将广泛的经验纳入其中,就像他在索邦讲演中对现象学的全面解读使他得以将实验研究纳入他的现象学一样。在下一章中,我们将转向自我的诞生,以证明我们的根本经验(primal experience)在历史上的原初性(historically primary),同时也是成熟生命中残存的背景。

# 第三章　混沌社交性与自我的诞生

本书的第一章概述了梅洛－庞蒂在1949年之前关于童年的评论,从而对他在儿童心理学方面的研究做了历史性的介绍。第二章介绍了梅洛－庞蒂在索邦大学的儿童心理学和教育学讲座,勾勒出了讲座的主要理论影响:现象学、格式塔理论和精神分析。本章将讨论梅洛－庞蒂对我们最早的经验的描述。

在本章中,我们首先来看看梅洛－庞蒂是如何描绘早年生活的。梅洛－庞蒂将人类最初的经验描述为一种混沌社交性,在这种社交性中,婴儿并不区分自己和他人,也不区分自己和世界。与那些认为婴儿被封闭在一个内部世界中的思想家不同,梅洛－庞蒂认为,最初的经验具有开放性和无藩篱的特点。这种混沌社交性是我们日后主体间生活的基础,而不是对他人的任何一种认知的理解。鉴于上述讨论,梅洛－庞蒂必须解决我们的自我感和他人感(sense of self and otherness)从何而来的问题。本章第二节将讨论梅洛－庞蒂对亨利·瓦隆和雅克·拉康的镜像阶段的看法。镜像阶段启动但并没有完成自我感和他人感作为两个相似但不同的存在的塑形。

## 混沌社交性

梅洛-庞蒂的研究表明，早年经验是通过生命的连续性来定义的，而不是由与生俱来的对于自己（selfhood）和他人（otherness）的感觉来定义。我们来到这个世界之初，无法将自己与他人区分开来。要解释我们如何从这种本原状态中发展出自我感和他人感似乎很困难。对梅洛-庞蒂来说，问题更多的是，如果我们从一开始就被隔离在自我封闭的主体性之中，我们如何理解主体间性的起源？在胡塞尔那里，我们发现了"耦合"（coupling）的概念，梅洛-庞蒂将其解释为"我看到了他人的身体，我在他身上感受到了同样的意向，这种意向使我自己的身体充满活力。如果我们将**自我**（ego）与他人区分开来，我们就无法感知他人。相反，如果心理发生是在婴儿忽略差异的状态下开始的，感知他人就可以成为可能"（*CPP* 247-248）。梅洛-庞蒂认为，从发展的角度看，我们的初始状态是自我与他人之间的区分尚未出现的状态，而这一阶段是主体间生活的基础。梅洛-庞蒂用暗示性的语言指出，原初的主体间性是一种共享的经验（shared experience）。

梅洛-庞蒂对婴儿出生后至3—6个月左右的生命的描述主要分为两个部分。首先，婴儿最初对属于她自己的身体缺乏感觉。她不知道自己身体的极限，包括什么是来自内部的感觉，什么是来自外部的感觉。其次，由于对自己身体的位置和界限缺乏认识，婴儿也无法区分自己和他人。

## 第三章 混沌社交性与自我的诞生

在梅洛-庞蒂的一生中,他的主导性观点与弗洛伊德、皮亚杰和斯金纳(B. F. Skinner)等思想家相同,这种观点认为,婴儿无法集中或引导其视觉注意力。皮亚杰通过对新生儿的观察得出结论,8个月以下的婴儿不具备模仿能力。皮亚杰(1962)认为,要进行模仿,必须使视觉与婴儿的身体图式相协调(19)。鉴于小婴儿被认为无法集中注意力或控制自己的身体动作,因此模仿要到以后才会发生。在二十世纪早期的这些观点中,新生儿和小婴儿被认为生活在一种"怒放的、嗡嗡作响的混乱"世界中,内部和外部、触觉和视觉、自我和他人相互交错。尽管正如我们将在第四章中看到的那样,和以往的观念相比,当代研究表明,婴儿的意识和控制自己动作的能力要强得多,但鉴于新生儿似乎无法集中注意力或控制自己的动作,我们可以想象为什么以往的观点会占据主导地位。如果没有一定的实验控制,新生儿似乎无法在视觉上集中注意力或控制自己的动作。

梅洛-庞蒂认为,婴儿的视觉感知能力是最小化的,身体图式也是薄弱的。在生命早期,对身体的意识最多只是碎片式的。在3个月之前,外部和内部身体状态之间的"焊接"尚未发生(*CPP* 248-249)。在梅洛-庞蒂看来,这个过程是生理性的;神经的发育还不充分,他特别指出,髓鞘化(获得髓鞘的过程——髓鞘神经纤维周围的髓鞘层)是从3—6个月开始发生的。对自己身体的集中注意则出现得较晚;儿童在两个月左右才能用一只手抓住另一只手。

在此期间,对身体的延展、可能性和局限性的感觉尚未形成。如果没有身体作为自我的外壳，就无法形成自我觉察（self-awareness）。梅洛－庞蒂认为，我们最初的经验是以身体感的缓慢发展为标志的："我一点一点地意识到，我的身体被封闭在我的周围。"（CPP 248）随着婴儿的成熟，他会逐渐对自己的身体和心灵状态的所有权有更好的感觉。然而，他早年的生活并不是一片混乱，而是一种与我们的生活截然不同的结构。

梅洛－庞蒂写道，由于儿童本身缺乏对"自己"的强烈认同，因此很容易将自己的意图和身体动作转移到他人身上，并迅速接受他人的意图。在这个阶段，婴儿由于无法组织自己的感知和触觉世界，会把自己和他人混为一谈。从传统意义上讲，他没有主体性，因此也没有主体间性。然而，这并不意味着婴儿沉浸在内在中（internally preoccupied），与他人没有任何联系；相反，他们有一种奇特的存在，在这样的存在状态中，内部和外部感觉交织在一起，包括他人的意图。这种匿名的、去主体性的（asubjective）生命是社交性的，因为它朝向他人。梅洛－庞蒂努力表达一种不依赖于离散的主体性的人类主体间性。当谈到"与他人相遇"，他人不仅仅被视为一个移动的客体，梅洛－庞蒂以此来深化一种去主体性的主体间性和非个人的生命概念。然而，对婴儿期混沌社交性的描述无论多么具有启发性，都有可能冒着这样的风险，即只能成为诗歌而非哲学或心理学的内容。

这种想法听起来自相矛盾。**主体性**（subjectivity）的缺失似乎必然导致**主体间性**（intersubjectivity）的缺失。如果没有"就**像**自己**一样**，他人是另一个人类主体"这一假设，许多亲历的经验就毫无意义。语言、文化以及我们作为与众不同的独特个体的感觉，都是以社会世界为基础的。我无意识地相信对方是另一个主体，拥有自己的各种信仰、欲望和记忆，这是我与他互动的基础。同样，我需要对方理解我自己的想法、行为和欲望的价值和独特程度。"作为一个个体"的想法只有在一个共享的社会世界（shared social world）的支持下才能实现，我试图从这个社会世界中实现自我的个体化。我们的个体性依赖于这个人际世界（interpersonal world）。要把我自己说成是一个个体、一个主体、一个女人、一个哲学家和一个加拿大人，我需要居住在这样一个世界里，只有在这个世界里这些措辞才有意义。因此，我可以探究他人是什么样的人，可以就某些特征的普遍性展开辩论，但我不能质疑他人的主体性存在，因为这种质疑会使我自己的主体性存在受到质疑。

然而，当我审视这种信念时，我发现自己很难解释它的起源。为什么我会有这样的认知：我是一个"自己"，而他人是另一个"自己"？也许，我将自己视为"我"、视为"自我"的认知是我成长过程中的产物；也许，我习惯于以某种方式看待世界。罗什福柯（Rochefoucauld）关于爱情的名言——"有些人如果从来没有听说过爱情，他们就永远不会坠入爱河"——让人怀疑，即使是我们最珍视的激情，也可能在很大程度上被我们的文化所规定（1930，136）。我们发现，在不同的文化背景下，我们对浪漫爱情的期望以及它在我们的选择中所占的地位都不尽相同。因此，也许我与他人的关系以及对他人来说我的自我感所揭示的更多的是我的处境,而不是人类的一般境况。

然而,那些认为我只是受社会世界的制约才做出这种假设的解释是不能令人满意的。虽然我可以看到我对他人的情感状态(affective states)是如何被我的成长经历和我所处的社会所塑造的,但我的基本的主体间经验却有着质的不同。他人与我共同体验世界的感觉更为重要。尽管不同文化的传统各不相同,但对共同的世界的体验和人类纽带的感觉仍然是普遍的。正是本着这种精神,梅洛-庞蒂试图发现主体间行为的情感性的和本原的基础,并推及于人类社会生活。他的解决方案是,我们可以而且确实在婴儿期发现了主体与他人之间真的缺乏差别,发现了后来构建了成人关系的连续性(continuum)。

儿童与他人之间有一种与生俱来的主体间纽带,这种纽带使我们后来的成熟关系得以发展。正是这种与他人的原初纽带,使我们不至于被彼此之间成熟的疏离所淹没。梅洛-庞蒂对身体和神经发育与理解个人体质的相关性保持着现实的态度,并保持着正常发育和异常发育之间的传统区别。然而,发展并不是通向成年的线性斜坡,即一旦达到了具有自我意识的成年,之前的状态就会被抛弃。威廉·华兹华斯(William Wordsworth)的名言"儿童是成人之父"在梅洛-庞蒂的心理学中非常普遍。因此,尽管我们的所有经历都会塑造着我们是什么样的人,以及我们如何看待自己和他人,而童年以它相对短暂的时间,却对心灵生活的影响尤其大。

梅洛-庞蒂希望摆脱这样一个问题,即心理学的构建性方法总是将发展解释为规范性的,也就是说,正常的成熟必然等同于对自我和他人认识的提高。皮亚杰的这一假设歪曲了研究设计,因为它没有为非成人的理智反应提供足够的空间。理智只能从成人的标准来理解,因此,独具特色的儿童反应就得不到很好的解释。这种说法的价值在于,它们提供了成人能力产生的历史。但可能的错误在于,假设所有形式的童年思维和客体操纵都是相应的成人变体的雏形。在这种解读下,人们会把儿童行为解释为本来就带有成人目的之行为。换句话说,人们认为儿童只是缺乏运动协调能力、学习能力和神经系统的发展而无法成功地从事成人行为。

例如,儿童游戏被视为对成人行为的一种模仿;就其自身而言,儿童游戏没有任何意义。梅洛-庞蒂在其索邦大学讲座中强烈主张,儿童的行为和举止有其**自己**的逻辑和风格。尽管儿童经常将自己的行为与成人关联起来而进行表达,例如"我在像妈妈一样玩过家家",但这并不反映儿童真正表现出的是母亲、父亲或其他成人角色行为的简化形式。儿童并不是为了**成为**成人而直接模仿成人的行为。相反,他们有自己的行为风格,这些风格基于他们赋予世界的意义,而这些意义并不全是相似的,也不都是成人意义的雏形。(梅洛-庞蒂在讨论儿童对惊奇现象的解释和儿童艺术时,最能体现儿童和成人行为风格的差异,这将在第五章中讨论。)

梅洛-庞蒂发现,婴儿在自我与他人之间也有一个流动的界限,而这一界限的起源正是我们出生后最初的缺乏身体图式的阶段。"个体意识只是后来才出现的，伴随着自身身体的客体化，在他人与我之间建立起一道分界墙，并将他人和我构成为交互关系中的'人'。"（*CPP* 248）作为共同经验的主体间性先于作为两种主体性的主体间性。例如，梅洛-庞蒂提到了"哭声传染"现象，即当婴儿中有人哭泣时，其他婴儿会自发地发出啼哭声（249）。这种生存的第一阶段被称为"一种前交流，一种匿名的集体性……一种群体存在"（248）。这个早期阶段也被称为混沌社交性，自我"既生活在他人之中，也生活在自己之中"（248）。瓦隆将这种混沌性描述为"儿童无法将自己限制在自己的生活之中"（253）。这意味着他要论证存在一种"匿名的集体性"（anonymous collectivity）状态，在这种状态下，自我与他人之间没有或几乎没有界限，这意味着什么？这是婴儿的错觉，还是实际上预设了主体间性本身的描述？

梅洛-庞蒂并没有将他对这一跨越性的、混沌性的阶段的描述局限于早期婴儿阶段的生命。相反，他在描述成人的主体间性时，继续使用了一种二元论的隐喻。梅洛-庞蒂对婴儿期的讨论表明，他对突破以主体为中心的现象学的观点越来越感兴趣。他的"混沌社交性"概念并没有摧毁主体，而只是加强了另一种观点，即沟通性的生命是有意识的主体性之基础。梅洛-庞蒂将他的那些天生固有的进程概念（inborn innate processes）与他对原始的、匿名的实存之理解联系在一起。这种匿名的实存不仅仅是主体早年生活的一个阶段，而且与日常经验交织在一起。

## 第三章 混沌社交性与自我的诞生

梅洛-庞蒂在《行为的结构》一书中就开始强调，我们需要从整体的和有组织的角度来理解行为。变化在于，他更加强调童年**经验**的重要性。此外，与1945年之前的著作相比，心理学和精神分析研究的种类增加了十倍。在《行为的结构》中，成人行为和儿童行为被描述为同一实存性问题的不同解决方案。发展是物理或环境变化对主体提出新要求的结果。在《知觉现象学》中，以及在索邦大学的演讲中，童年经验对成年经验的超规定性（overdetermine）更为明显。童年经验不仅仅是与世界相遇的另一种方式或结构。相反，它们是"意识结构的改变，经验新维度的建立，一种**先天条件**（a priori）的阐明"（*PP* 30）。因此，童年经验对于成年经验来说既是本原的，也是基础性的。正如梅洛-庞蒂所说，这种基本的早期经验为主体间生活中更复杂的表征类型奠定了基础或"**先天条件**"。

我们不是在一个拥有自己的思想、了解自己的边界的心灵中稳固地发现我们自己，而是在我们经验的基础上发现了先于这种中心化的主体形成的东西："可以说，我的有机体，作为一个与世界的一般形式相分离的前个人，作为一种匿名的、一般的实存，在我的个人生活之下，扮演着**与生俱来的复合体**（inborn complex）的角色。它不是某种惰性的东西；它也有某种实存的冲力（momentum）。"（*PP* 84）梅洛-庞蒂指出，即使在最强烈、最个人化的情感中，这种匿名的实存也会宣称它的在场："当我被某种悲痛所征服，完全沉浸在自己的苦恼之中时，我的眼睛已经游离在我的前方，不顾一切地被某个闪亮的物体所吸引,并随之恢复其自主的实存。"(PP 84)他继续指出,我的存在作为主体性的、有意识的个体性是不稳定的,不能成为我生命意义的基础:"个人的实存是断断续续的,当这股潮流转向并退去时,决定从此只能赋予我的生命以人为引发的意义。"(PP 84)

童年的不成比例的重要性使我们能够理解主体间关系是如何建立在成长期的。在梅洛-庞蒂看来,皮亚杰认为正常发展是摆脱了婴儿期的不成熟,最终达到成熟的成人视角,这是错误的。梅洛-庞蒂反驳了这种观点,认为事实上儿童的去主体性知觉是成人主体间性的基础:

> 皮亚杰把儿童带入了一个成熟的世界,就好像成人的思想是自给自足的,是不存在任何矛盾的。但实际上,儿童的观点在某种程度上肯定是针对成人的观点和皮亚杰的观点的,我们幼年时期单纯朴素的思维仍然是成熟思维不可或缺的基础,只有这样,成人才能拥有一个主体间的世界。(PP 355)

皮亚杰的错误在于假定一个新的发展阶段完全覆盖了前一个阶段。在皮亚杰看来,当两个阶段之间存在冲突时,更"成熟"的观点最终会取得成功。梅洛-庞蒂反驳了这一假设,指出如果没有一个超规定性的童年,成人的经验将是毫无意义的。人类毫不犹豫地扎根于世界,正如他们毫不犹豫地扎根于主体间的生活,但这并不能用进程性的发展概念来充分解释。

## 第三章 混沌社交性与自我的诞生

在梅洛－庞蒂的论述中，主体间性显然并不意味着两个主体性在进行某种交流或相互承认。相反，主体间性的本质涉及一种存在模式，在这种模式中，主体性要么尚未形成（正如在婴儿的主体间性的情况中），要么不是主要的（正如在成人的主体间性经验中）。要开始描述婴儿的主体间体验，我们必须转向婴儿如何对内部和外部刺激做出反应。传统上，古典心理学认为，我们是通过"运动感"（kinesthesia）来理解我们自己的感觉的——"运动感"是一种对大量原始感觉的组织，它告诉人们关于自己身体的信息（*CPP* 246）。梅洛－庞蒂指出，这种构想实际上使得对于他人的讨论成为不可能。他人不过是感官知觉的混合体（an amalgamation of sense-perception）。我们不得不说，在某一阶段，儿童通过观察他人的行为"得出"（conclude）他人是其他主体的结论。儿童与他人的关系并不比他们与其他移动物体的关系更富有情感。在梅洛－庞蒂看来，在童年的很长一段时间里，儿童对他人作为其他主体的理解的确是模糊不清的。但对儿童来说，他人也并不是客体。这样的描述不仅给解释主体间性带来了论证上的困难，也忽视了儿童和成人体验其身体和感知的真实方式。感知不是从外部世界到内部世界的传输。身体不是这些感知的处理器，最重要的是，主体间性不是关于分离的诸主体（discrete subjects）的问题。当我生活在这个世界上时，事物并不是像放电影一样在我面前掠过，而我被动地接受它们。我也不会像点钞机数钞票那样，把我的身体当作一个处理感觉的东西来体验。例如，我不可能将我对视觉感知的物理进程与这种感知给我带来的感觉分开。

在《知觉现象学》中，梅洛-庞蒂援引了婴儿期的必然性来解释成人的人际关系。与成人相比，儿童并不认为"他人心灵"是一个成问题的事情。他们在假设他人"像"自己时，并没有进行任何推理的特技表演。对儿童来说，视角不是那些特定主体的财产。世界不是"为她而存在"的世界。世界本身就是这样，所有人都沉浸其中：

> 只有成年人才会认为他人的知觉和主体间的世界是成问题的。儿童生活在一个他毫不犹豫地认为周围所有人都能进入的世界里。他没有意识到自己或他人是私人主体，也不会怀疑我们所有人（包括他自己）都局限于对世界的某种视点（point of view）。(*PP* 355)

儿童自然不会关心"他人心灵"这一哲学问题。对于如何协调自己的观点与他人的观点和生活方式这些更日常的问题，他们也是不偏不倚的。儿童不会把他人区分为拥有"另一个"生命的人，因为在他们眼中总共就只有一个生命。童年时期对差异的典型反应是沮丧，而不是愤慨。

在梅洛-庞蒂对生命早期阶段的描述中，最复杂，也是最具哲学关涉的部分是"混沌社交性"这一概念。这个概念通过这样一些经验来被刻画，它们似乎产生于**共享的**而非个体化的体验。例如，一个主体会在任何外显的、可读的迹象表明对方的感受之前，对于对方的情绪状态做出反应。当然，我们也可以很容易地想出一些对于混沌社交性的解释，这些解释没有对共同的、情感性的经验进行推测。我们可以将童年时期把自己的行为与他人的行为混为一谈的倾向理解为投射。"投射"理论的观点认为，我可能会把实际上是我自己的意图归因于他人。我可能会给我的伴侣贴上"自私"的标签，而事实上，我是觉得自己很自私。一个儿童似乎特别容易进行投射：把不好的想法和行为归咎于其他儿童，以掩盖自己的想法和行为，或者为自己的想法和行为辩解。

梅洛－庞蒂同意，儿童和成人通常都有将情感"转移"给他人的心理原因，但他也提出，移情（transference）并不能完全解释混沌社交性。梅洛－庞蒂暗示性地写道，婴儿期的意向性状态不是被占有的，而是一般由不止一个主体体验到的。意向性不是**一**个主体对**一**个客体的主体性的指向，而是主体之间可以共享的纯粹的生命运动。成人对主体间性的反思强调的是对他人的认知性觉察（cognitive awareness），即他人是和我一样的另一个人。虽然这是我们主体间生活的一部分，但梅洛－庞蒂的工作强调了一种更首要的连续性，它先于我们主体性的主体间性（subjective intersubjectivity）。

梅洛－庞蒂认为，这一早期阶段在成人生命中具有持续和主要的地位。如果没有跨越性的（transitive）阶段，人际关系就只能产生于一种理智的推论，即"他的行为和我相像，因此，他是像我一样的主体"。这种概念无法解释他人认同是如何**同时伴随着**（alongside）主体性的生成而发生的。梅洛－庞蒂采纳了如下的观点，即儿童的发展向我们展示了在我们对他人的意识和能动性的感觉不断增强的同时，我们对自身作为具有能动性的自我意识的把握是如何发展的。他人觉察（other-awareness）的交互模式虽然从我们成人的角度来看是合理的，但却不可能是我们主体间关系的本原方式。如果儿童在某一时刻推断出他人"像她一样"，那么她就必须已经有了对她自己的感觉。在某种程度上，主体性必须独自发展。这怎么可能呢？当主体性不与其他主体并驾齐驱时，它对主体而言意味着什么呢？

如上所述，在婴儿心理发展的初级阶段，他人根本无法被"理解"（comprehended）。然而，婴儿对他人的经验并不是一片空白；婴儿并不是一个空洞的感觉容器。婴儿表现出与其他婴儿和成人不寻常的共存关系，这表明他们对他人有着强烈的依恋，尽管我们假定他们对他人没有一套相应的意向状态。梅洛－庞蒂多次提到的一个例子是，在婴儿出生的前 3 个月中，满屋子的婴儿会同时爆发出几乎一致的哭声（*CPP* 249）。过了这个阶段，婴儿就会对幼儿园同伴的呜呜声和吵闹声相对地漠不关心。这一过渡的阶段的特点是，婴儿识别他人与自己不同的能力不断增强。在自我与他人区分之前，梅洛－庞蒂将婴儿的疼痛和其他情绪性或意向性的状态描述为一般经验。婴儿的意向状态是跨越性的、主体间的状态，不是因为它们是针对他人的，而是因为它们是共通的。

儿童对他人表现出的情绪反映了他们不知道有他人心灵，而不是一种以自我为中心的对差异的反应。通常情况下，这种真正童稚的行为会被视为童年时期的自恋,父母很容易宣称:"你以为世界是围着你转的!"然而,对儿童来说,世界并不是围着他们转的。儿童是在表达对他人没有看到事物"本来面目"的沮丧。比如说,儿童不明白爸爸妈妈有着通过不同于自己的方式感受事物的自由。同时,儿童也不明白自己的想法、观念和意见是可以改变的。因此,儿童不知道他有自己的想法、观念和意见,也不知道这些想法、观念和意见就是他的想法、观念和意见。从这个意义上说,自我中心主义就是关于人类拥有因人而异的内在状态的知识的缺位。对儿童来说,经验不是被拥有的东西,而是存在的东西。梅洛-庞蒂写道:"他(儿童)不知道什么是视点。对他来说,人是空洞的脑袋,朝向一个单一的、自明的世界,一切都在那里发生。"(*PP* 355)由于儿童已经在视觉上将他人的身体视为一个活生生的身体,这已经超越了早期的混沌阶段,但儿童还未能领会到他人的他者性(the otherness of the other),同样也未能够领会到自己的属我性(the mineness of the self)。

儿童对他人的沮丧似乎表明,他无法理解他人的视点,因而也无法理解他人自身的主体性状态。梅洛-庞蒂在《儿童心理学中的方法问题》中写道,儿童行为的特点是缺乏对他人的关注,因为儿童没有"他人"的范畴,也没有与之相对的"自我"的概念。因此,儿童既是更无私的,也是更个人主义的:

> 儿童并不考虑自己,而是考虑他们感兴趣的东西,因为他们不知道自我与他人之间的界限,他们对自己和他人

都漠不关心。自我的不自知恰恰因为它是世界的中心。模仿才能带来自我意识。由于缺乏对他人的区别对待,儿童同时具有彻底的无私和彻底的个人主义。事实上,应该说儿童既不是真正的无私,也不是真正的个人主义,原因就在于此。(*CPP* 427)

梅洛-庞蒂在讨论保罗·纪尧姆(Paul Guillaume,1971)关于儿童模仿的著作时,强调了上述关于儿童将自己与他人混为一谈的解释。

然而,上述描述似乎最终并非支持了这样一个论点,即我们首先被困在自己的主体性状态中,只有当我们成熟起来,才能真正理解他人?童年的自我中心主义强调了儿童内心的专注和对他人情感状态的漠然,但梅洛-庞蒂也呼吁将生命本身视为一种先于和后于所有主体性经验的东西。他鼓励我们"更深刻地呈现**亲历的经验**",并提出自我和他人关涉亲历经验中的某些方向,而不是关涉本质性的特征(*CPP* 32,强调为原文所加)。梅洛-庞蒂认为,生活是个体经验赖以生存的"原完型"(ur-Gestalt)。不仅我们与他人心灵的哲学问题只有在这样的基础上才有可能解决,而且我们对死亡的哲学关注也是如此。"当马尔罗说'一个人独自死去,因此一个人独自活着'时,他做了一个错误的推论。事实上,生命从根本上超越了个体性,不可能根据死亡来判断生命,因为死亡是一种个体的失败。"(32)在稍后讨论瓦隆的"超事物"(ultra-things)概念时,我们将看到儿童和成人如何最有可能为超越活生生的经验的问题提供奇思妙想的答案。

这种混沌社交性的概念让我们看到，我们与他人的关系并不需要自我性（selfhood）或他人觉察（other-awareness）。如果我们具有"前交流"的能力，那么我们的原初经验就是有意义的，而且也不会局限于成人的自我意识主体性。混沌社交性是一种原初的主体间性，因为它表达的是一种关系。它的不同之处在于，要建立这种关系，就必须具有自我觉察（self-awareness）和他人觉察。这种主体间性的概念是一个大胆的论断，因为它的辩护部分依赖于生命的一个阶段，而这个阶段已经被蒙上了一层无法穿透的面纱。此外，梅洛－庞蒂笔下的前主体性生命阶段几乎完全被感官的限制所禁锢。经验通常不被理解为"一般"。相反，它们是**某人**的经验。当然，我们自己的经验可能或多或少比较清晰，我们可以努力找到合适的描述。但是，语言并不容易描述"经验是可以共同拥有的"和"意图是可以共享的"之含义。

由于梅洛－庞蒂最著名的主题——"知觉"并没有出现在他关于婴儿早期混沌社交性的讨论中，我们可以得出这样的结论：这种关于一般的混沌生活的想法，仅仅是他关于婴儿早期无法用视觉组织感觉的不可靠的想法之结果。知觉，只要是**对某物**的知觉，就对主体性起着规定性的作用。由于梅洛－庞蒂认为婴儿缺乏专注于物体的身体能力，也还没有将自己的身体认定为**自己的身体**，因此他得出结论，早期自我与他者之间的混淆很大程度上与早期的前知觉阶段有关。

儿童，天然的现象学家

儿童知觉与成人知觉的一个显著区别是，儿童缺乏对不同感官以及情感和视觉之间的明确区分。梅洛-庞蒂在他的著作中越来越多地指出，这种联觉（synesthesia）不仅仅是一种早期的经验模式，它是所有知觉的组成部分。那么，为什么我们通常把联觉视为非同寻常，甚至病态呢？因为我们的理智判断是由我们的文化和语言世界提供的，我们学会了视觉材料是有别于触觉材料的东西。我们没有一种日常的方式来描述看到一个毛茸茸的猕猴桃也是一种触觉体验，即使我们没有触摸到水果。事实上，说视觉和触觉信息的融合似乎有些无稽之谈，但仔细想想，我们很难否认，即使我们的皮肤根本不可能接触到钉子，钉子也会唤起我们的轻微的畏缩。因此，儿童在各种"类型"的感官体验之间游刃有余，不仅是对早期经验结构模式的描述，也是我们自身经验的一个隐藏的方面。

这种儿童感知整体概念的重要性在于，它抵制对感觉进行任何形式的划分，也抵制认知能力和身体能力之间最初的、不可逾越的分裂。传统的感觉概念——视觉、触觉、嗅觉和其他感觉——将儿童描述为"来自不同感觉器官的不同感觉的接受者，这些感觉必须在随后加以综合"（CPP 145）。诸感觉并不是未成熟状态下独立发展的独特功能。相反，梅洛-庞蒂认为，感觉原本就没有区分。发展的任务不是更好地综合不同的感觉，而是**区分**它们："相反，这是一个通过**整个**（whole）身体的中介来体验特定感觉的**整体性**（totality）问题。儿童把自己的身体作为一个整体来使用，并不区分眼睛、耳朵和其他感官所予的东西。"

（145，强调为原文所加）这种最初的感官"混淆"支持了心理学和哲学过于以眼睛为中心（oculocentric）的论点。知觉的原始状态并非杂乱无章，尽管它是感官间的。"我们声称，**知觉**不是通过多重、不连贯的体验开始的，而是通过一些非常模糊的**全局结构**（global structure）开始的，这些结构经历了渐进的分化。在判断之前，存在着一个更基本的统一体。"（*CPP* 146，着重部分为原文所加）判断覆盖了经验的原始联觉的统一体。

梅洛-庞蒂对成人生活中潜在的混沌社交性的讨论表明，他试图从一般意义上把握我们的主体间性。他的《知觉现象学》总结说，我的自我意识、我的个人历史、我对自己身体的想法和信念都发生在这种原初实存之中。"为了对先于我自己的历史并将结束我自己的历史的那个无定形实存的性质有一些了解，我只需在我的内心看看那个追求其自身独立进程的时间，我的个人生活运用了它，但并没有完全覆盖它。"（*PP* 347）我们的原初实存不仅仅是我们生命中最早的几天、几周和几个月，而是我们当前存在中的一个匿名的、去主体的（asubjective）在场。我每时每刻都在运用我生命中的这一部分，但从任何意义上讲，它都不是我的，因为我已经宣称拥有了我的世界的构建。相反，我们的原始存在是一种共享的、无主体的经验，它在我们之前，也在我们之后。

狄龙（M. C. Dillon）的观点与梅洛-庞蒂的观点有些相似，他认为成年人的情感，尤其是爱，是建立在前交流阶段的基础上的。在狄龙看来，混沌社交性和前交流与理解成人的互动关系息息相关。他写道，混沌社交性表明"人类是如何有可能认识到彼此的存在，并在个人层面上发展我们与生俱来的前个人交流"（Dillon 1997，129）。狄龙将主体间性刻画为"身体间性"，强调婴儿没有身心分裂，以及儿童对其他身体而非其他"心灵"做出反应这一事实。对身心分裂的批判对梅洛-庞蒂极为重要，但对主体间性的研究而言，更紧迫的不是缺乏身心分裂，而是婴儿早期经验中缺乏**主体性**。狄龙在存在"自我-他者"区分的隐喻与不存在该区分的隐喻之间游走。显然，他对（建立在前交流基础上的）爱的理解在论证上是支持一种互易性的主体间阶段的观点的，但他在同一页中使用的交互论（the reciprocity thesis）则表明，他的理解更类似于两个主体的意向存在物之间的传统交互概念。梅洛-庞蒂对婴儿早期经验的描述认为主体性并非主体间关系的必要条件。

**自我觉察和他者觉察的诞生**

狄龙指出，如果我们认为梅洛-庞蒂对童年经验的描述是准确的，那么我们就会面临这样一个难题：成人的主体性经验是从哪里涌现出来的？"问题不在于'婴儿如何开始认识到他人是其他意识'，而在于'婴儿如何学会在缺乏这种区分的经验领域中将自己和他人区分为不同的存在'。"（Dillon 1997，12）我们为什么要离开这个未分化阶段？在我们获得有限的自我意识以及自己和他人拥有情感、欲望和思想的意识之后，是什么塑造了我

## 第三章 混沌社交性与自我的诞生

们的主体间生活？

在《知觉现象学》中，梅洛－庞蒂引用胡塞尔（1970年）在其未发表材料（后来作为《欧洲科学的危机与先验现象学》[*The Crisis of European Sciences and Transcendental Phenomenology*] 出版）中所写到的，先验主体性**就是**主体间性。梅洛－庞蒂写道："先验主体性是一种向自身和他人揭示的主体性，因此是一种主体间性。"（*PP* 361）事实上，胡塞尔并没有宣称先验主体性与主体间性是一回事。相反，他宣称主体性只有在主体间性的框架内才是其所是——一个构成性地运作的自我："现在，只要我们考虑到主体性的本来面目——只有在主体间性中才能构成性地运作的自我——一切都变得复杂了。"（Husserl 1970，172）在胡塞尔看来，并不是**首先**有了主体间性，**然后**自我才涌现为存在。相反，梅洛－庞蒂认为，不完全还原（另一个非胡塞尔的论点）导致人们承认个体之间存在着一种棘手的主体间关联，这种关联出现在个体化之前。

对于胡塞尔来说，自我是自明的（self-evident）。随着梅洛－庞蒂对主体间性作为主体性基础的重新阐释，作为自我的主体变得更加成问题。在许多方面，梅洛－庞蒂面临的问题不是"前主体性阶段的特性是什么"，而是"为什么是主体性"梅洛－庞蒂用混沌性或视角之不区分来描述婴儿期的意识生活；因此，对他而言，问题不在于"'婴儿如何开始认识到他人是其他意识'，而在于'婴儿如何学会在缺乏这种区分的经验领域中将自己和他人区分为不同的存在'"（Dillon 1997，121）。正如狄龙所写，在梅洛-庞蒂为实际上没有主客体之分的原初生活提供了强有力的论证之后，问题并不在于"婴儿如何超越原始的自我中心，而在于他如何学会将自己的经验与他人的经验区分开来，也就是说，他如何超越混沌性"（Dillon，121）。梅洛-庞蒂对婴儿经验的描述表明，主体的发展性解释证明了混沌社交性的存在。然而，梅洛-庞蒂并不想得出成人的主体性经验是一种幻觉的结论。

镜像阶段是解释从婴儿期的主体间生活到有意识的主体性生活这一转变的必要条件。然而，镜像阶段并不预示着完全的自我意识和他人意识，它覆盖着婴儿期的互易性的（transitive）存在。梅洛-庞蒂对镜像阶段的理解主要来自瓦隆（1963年）和拉康（2006年），并在解释他们的理论时，对自我的诞生提出了独特的看法。尽管梅洛-庞蒂对瓦隆的某些表征持批评态度，但他忠实于瓦隆镜像阶段理论的主要原则，尤其是他对父母在镜像阶段所扮演角色的强调。梅洛-庞蒂是最早发现拉康对瓦隆镜像阶段的修正（2006，75-81）重要性的人之一，拉康的修正后来成为精神分析文献的开山之作。拉康是梅洛-庞蒂的朋友和同事，他强调了镜像阶段的彻底性质，以及它在去主体性的生命和主体性的生命之间打开的裂隙。

什么是镜像阶段？标准的观点是，在4—12个月大的时候，我们开始从镜子中辨认出自己的形象。我们开始与镜中的自己玩耍，并理解自己的行为与镜中自己的行为之间的某种等价性。虽然在这个阶段之后的很长一段时间里，我们仍会对镜像产生浓厚的兴趣，但镜像阶段预示着一种结构的诞生，这种结构将使我们能够在以下两种状态间做出区分：一是我们最初的生命经验的混沌性质，二是认识到对于成熟的主体间互动是有限度的。梅洛-庞蒂强调，镜像阶段本身是一个社会事件，而不是一种内在驱动的、朝向自我认同的本能。

镜像阶段与父母的镜像以及父母对儿童镜像的行为密切相关。婴儿最先关注并做出反应的镜像是父母的镜像。通常情况下，父母会把儿童抱起来，指着她说："嘿，看，镜子里是你吗？看，我在这里！那是你的鼻子吗？"因此，镜像阶段的第一步不是自我觉察，而是识别镜子中的**他人**。儿童首先获得的能力是识别父母的镜像并与之玩简单的游戏（躲猫猫、微笑），但不会与自己的图像玩游戏。"例如，婴儿对着父亲的镜像微笑。当父亲说话时，婴儿会惊讶地转过身去。因此，他并没有准确意识到镜像和原型之间的区别。"（*CPP* 250）在认识镜中的自己之前，婴儿开始学会承认他人的镜像与他人的实际存在是不同的。"婴儿开始有意识地掌握一些东西，尽管他还没有掌握镜像-原型的关系，也不知道图像是父亲在镜中的投射。"（250-251）

然而，对他人的镜像识别并非一蹴而就，也并非没有镜像与实在之间的混淆。当儿童从镜像父亲那里转过身来指向抱着他的父亲时，镜像父亲仍然保持着"准实在的"和"幽灵般的"存在。通过对他人镜像的理解，婴儿会把注意力集中在自己的镜像上，而自己的镜像原本并不像他人的镜像那样有趣。这个辨认过程会更加复杂，因为如果没有镜子的帮助，我们永远无法获得对自己面容的洞察。婴儿的视线可以在父母和父母的镜像之间来回移动，但他无法对自己的镜像和脸部进行这种参照。因此，自我觉察是后于他人觉察的。与镜中的自我相比，镜中的父母才能启动儿童自我认知的发展。

因此，镜像阶段开启了主体**间**性。在这里，我们必须区分两种主体间性的概念。一种是我们在上文讨论的混沌社交性中看到的那种沉浸在共同生活中的去主体性。另一种是主体性的主体间性，指不同的主体共同参与到共享的社会生活之中，在这里，他们认识到每个主体都有自己的视角。意识到自己是身体性的在世之物（a bodily thing-in-the-world），就可以建立我们通常所设想的主体间关系。然而，我们并不是作为世界中的事物生活在自己的身体中；换句话说，我并不是首先把自己当作能被我观察并形成判断的东西来体验的，比如椅子、猫或另一个人等等；相反，我才是我存在的中心。我需要某种东西来促使我从自己身上退后一步，想想自己在别人眼中的样子。这样，我就可以从概念上（如果不是从经验上的话）把自己看作世界上众多可见事物中的一个。梅洛-庞蒂追随瓦隆认为，在一个人的生命中，是镜像阶段开启了这种与自身生活环境分离的能力。促使婴儿将自己的感觉统一为属于自己的感觉的方法，就是给婴儿一个视觉对象，让他去认同这个视觉对象。如果没有镜子作为自我的符号，儿童就很难形成强烈的自我与他人的区分。

梅洛-庞蒂很快写道，镜像阶段并不是简单地将主体性"添加"到婴儿的动物和去主体的特性之中。镜像阶段并不是一个毫无保留地进行模仿的阶段，在这个阶段中，儿童可以轻松地将他人视为"与我一样的另一个存在"。在回到儿童对面部动作的模仿时，梅洛-庞蒂反对任何一种认为模仿是婴儿在做比较的说法。例如，儿童在回以微笑时，显然不是有意识地发出"我也喜欢你"的信号。这需要一种比较，而婴儿不太可能做出这种比较。"这种操作需要一种类比推理：在自己微笑之后去理解他人微笑的意义。"（CPP 247）要做到这一点，婴儿就必须在概念上能够从自己身体的截然不同的内感知图像转向他人的身体。微笑并不等于看到微笑。因此，梅洛-庞蒂得出结论："**我们必须假定，儿童有不同的方式来全面地（globally）识别他人的身体。**"（CPP 247，强调为原文所加）婴儿、儿童和成人的身体都有一些部位是他们无法看到的，除非通过镜子。那么，我们怎么能认为，在涉及面部反应时，某种"你就像我一样"的比较正在发生呢？梅洛-庞蒂认为，儿童与他人之间的联系是一种整体识别，一种完型，而不是一种有意识的自我与他人之间的理智比较。

当然，婴儿是有觉察的：婴儿既表现出快乐，也表现出痛苦。梅洛-庞蒂从未将婴儿描绘成仅受本能驱使的自动机。但要理解这种觉察的本质，就不能假定婴儿具有稳固意义下的自我。婴儿的"自我觉察"（self-awareness）是建立在具身视角的基础上的，他并不承认自己的身体是"众多身体中的一个"。儿童后来的自我中心主义是一个人与自己身体的原始关系的残留部分；儿童不承认他人的视点，因为他不明白他有自己的视点。

自我觉察包括把自己理解**为**一个主体，把他人理解为与之相应的主体性，这是由镜像阶段开始的一种较晚的习得，因此，与原始的、模糊不清的新生儿生命相比，它没有那么稳定的基础。原初生命的原初性也存在于成人的经验中；一个人总是沉浸在自己的身体之中，因此他永远无法完全把身体作为一个事物来看待。对自己身体的视觉呈现允许人们迈出关键的一步，将自己作为一个独立的存在物来对待他人。梅洛-庞蒂引用拉康的镜像阶段一文，指出儿童变成了一个景观（spectacle）——儿童"不再只是一个感知的自我，而是一个景观；他是我们可以看到的这个人"（*CPP* 254）。用精神分析的语言来说，儿童从完全的本我（an id）走向自我（an ego）——一种有别于他人的自我感——和超我（a superego）——一种与自己保持距离的能力，这是儿童掌控自己的欲望所必需的："婴儿建构了一个可见的自我：一个不再被欲望淹没的超我。"（254）梅洛-庞蒂更喜欢精神分析的观点，而不是瓦隆对镜像的理智描述，因为精神分析更好地捕捉到了镜像阶段的情感和想象本质。拉康的描述在明确镜像的快乐、疏离和矛盾性的同时，也更好地强调了我们为什么会继续被我们的镜像所迷惑。如果说镜子只是为我们提供了一个重要的认知工具，使我们能够理解作为景观的自我，那就很难解释为什么我们在掌握自我觉察之后的很长一段时间里，仍然对自己的形象感到高兴和沮丧。

梅洛-庞蒂在《行为的结构》中指出，虽然动物在镜子前的反应各不相同，但只有人类终其一生都在玩弄和接触镜像。动物在镜子前的行为表明，它们要么把镜像当成另一种动物，比如鸟类；要么像灵长类动物那样，发现镜像不是另一种动物，从此不再对镜像感兴趣。因此，动物有身体图式（body schema），但没有身体图像（body image）。它们能够以有意义的方式在世界上活动，但不会有意识或无意识地对自己的身体形成态度或图像。他们的身体是一种恒定的给予，从来不需要明确的对象化。对灵长类动物来说，镜子是无趣的，因为它并不代表动物的自我；动物并不把自己的身体当作它所看到的"动物"来生活。梅洛－庞蒂在《儿童与他人的关系》中指出，我们不能假定儿童的行为可以与动物的行为相提并论（*CPP* 250）。在《成人眼中的儿童》（1949—1950）演讲中，梅洛－庞蒂再次强调了这一点：

> 只有儿童会聚精会神地注视着镜子，认出自己，并以强烈的欢腾作出反应。这种欢腾显然是对所观察到的视觉外观变化与内在意向之间的对应关系的反应。对婴儿来说，镜像事件意味着他对自己身体的某种复原。在这种视觉控制之前，只有一种分裂，一种身体的分散（例如在阉割幻想中，这是该状态的一种特殊情况，毫无疑问在许多梦中也是如此）。(*CPP* 86)

儿童对镜中自己的图像着迷，却不需要知道它是从哪里来的。灵长类动物只想知道镜中是否真的有另一种动物。当它发现镜中的图像不是动物，而且这个图像也不会主动做任何事情时，灵长类动物往往会背对着镜子，表现出一种明显的恼怒。

尽管如此，梅洛-庞蒂并不想断言人们应该回到对智性的关注。他强烈批判以智性的进步为指导的发展理论，因为这些理论忽视了对活的身体（lived-body）发展的重要性。在《儿童心理学的方法问题》中，梅洛-庞蒂反对皮亚杰所支持的"认知心理学"，转而支持赋予身体"中心功能"的心理学（*CPP* 422）。梅洛-庞蒂将其称为"相关性心理学"（"correlative psychology"），并认为：

> 身体不再仅仅是儿童理智发展的要素之一，也不仅仅是众多物体中的一个。经验的重构成为一种核心现象，身体的发展（以及随之而来的人格的发展）与理智的发展同等重要。(422)

儿童的理智发展至关重要，但应将其理解为"单一发展动力"的一部分（422）。瓦隆正确地将儿童身体运动性和自我觉察的发展描绘成主体性涌现的不可或缺的一部分。

对儿童来说，图像被赋予了一种特质（quality），这种特质后来被压制了，因为图像越来越多地被用作"真实"事物的参照物。父亲的图像被赋予了一种类似于父亲真实存在的特质。因此，儿童会和图像玩耍，对着它微笑，指着它，就像他和父亲玩耍一样。图像有其自身的实在性，不存在必要的身份"分割"。换句话说，儿童不能把镜像当作"父亲"身份的一个属性。镜像保留了更多的意义，而不仅仅是一个真实主体的参照。"对儿童来说，父亲的镜像可能是一个幻影，但却具有某种程度的实在性。"（*CPP* 423）梅洛-庞蒂在批判瓦隆的"分身认同"（double identification）概念时指出，儿童并不同时拥有一个"镜像父亲"和一个"真实父亲"，这两个父亲归属于同一个身份：

> 对于儿童来说，视觉空间（图像）和运动空间（他的身体所在之处）是不可比拟的。对儿童来说，不存在真正的二元性；这种概念属于成人的思维。因此，不存在通过某种理智努力的还原，即将两种所予汇聚成一个。(*CPP* 424)

梅洛-庞蒂认为，成人与图像也有这种关系，图像保留了一种超越了简单表征的特质。在成人中，我们发现图像同样具有一种情绪意义，这种情绪意义超越了图像仅仅作为表征的功能。"即使对成年人来说，图像也不是其所代表的实在性的简单符号；他们对自己的照片被毁也并非无动于衷。而且，当成年人的照片被盗时，他们会觉得自己的一小部分被拿走了。"（*CPP* 423）我们可以想一想，在今天这个充斥着图片和视频的世界里，我们是如何对这些图像不厌其烦，而且似乎对它们有着无穷无尽的兴趣和胃口。

如上所述，原初的世界是一种有意义的背景经验，没有鲜明的划界和表征。因此，儿童是通过关系和联结，而不是通过获得对人、事或自身的新判断来建立关系的。由于儿童与镜子的第一次接触是与父母的接触，因此他们不仅学会了将图像与创造图像的人联系起来，还学会了将图像之间的关系联系起来（从而将其建立在与父母已有关系的基础上）。与其比较和推断这两个图像是相同的，儿童必须发展出自己在这些图像之间的关系中扮演某种"角色"的意识："儿童必须学会将自己视为一个**角色**。"（*CPP* 424，强调为原文所加）这不仅仅是一种识别类似视觉模式的理智运作，而是儿童情感关系的重构，因为儿童现在将自己视为他人可以观察到的存在，从而获得了新的地位。儿童学会扮演的角色是特定世界中的特定的人——这对父母的儿童、这个兄弟等等。镜像为儿童提供了开始绘制关系表征图所需的视觉明证性。

在梅洛-庞蒂看来，镜像阶段围绕着婴儿如何将自己的**身体**与他人联系起来而展开："儿童必须逐渐明白，关于他自己有两种视点，他的身体是有感觉的，不仅对儿童来说是可见的，对其他人来说也是可见的。"（*CPP* 424）重点在于调和具身化的经验和"新的"视觉给予。在儿童看来，他的图像不仅仅意味着"我是这个图像的分身（double）"，因为他的世界需要一个新的组织，在这个组织中，儿童与其他图像产生**关联**。最困难的一步是"置换"图像，并将其与自己的身体体验联系起来。镜子中的虚拟空间最初是儿童自己的图像，同时也是父母"照进来"的图像。儿童原本的去主体状态转变为主体间状态。这种转变并不是一种瞬间的、决定性的体验，不会永久性地为儿童确立一种新的范式；镜像阶段"既不是瞬间的，也不是已完成的"（424）。梅洛-庞蒂反复强调，如果镜像阶段意味着自我觉察和他人觉察的理智过程，我们就会发现儿童要么拥有这种知识，要么没有这种知识，就像我知道或不知道二加二等于几一样。相反，镜像阶段是一个过程，它永远不会是"已完成的"，因此我们对自己的图像既着迷又沮丧。

精神分析理论重新审视了父母在镜像阶段的重要性。也许是受到梅洛-庞蒂的影响，拉康后来修改了他早先对镜像阶段的看法，强调了父母镜像的重要性。一个人要形成对自己身体图像的认同，首先必须在父母的提示下认识到自己的形象。拉康早期的镜像阶段论文（写于1936年）主要关注婴儿在镜子中识别自己（2006，75-81）。拉康在《研讨会八》（Seminar VIII，2001）中指出，他人的镜像有助于形成自己（self）和自我（ego）的意义。儿童与父母的情感关系使她对自己的形象产生兴趣，而不是相反。儿童经历了与父母——此处指"大他者"（l'Autre）——以及父母形象的双重认同。正是在感知父母形象对婴儿形象的行为时，儿童形成了一种以父母行为为基础的自我意识："了解这种分裂的自我，在这种镜像处境中已经处于大他者的层面。通过大他者（l'Autre），自我才有欲望，我通过大他者理解欲望。"（2001，415-16）拉康自己的理论发展与梅洛-庞蒂的不同。但拉康和梅洛-庞蒂都强调了这个自我（ego）在发展过程中的脆弱性，以及父母在儿童发展她的经验符号化的能力中的重要性。与本文最相关的是镜像与原初经验之间的脱节，以及这种差异如何在主体间关系中体现出来。

镜中的自我和他人的辨认并不能产生强烈的自我的意义。分身体验本身就很神秘，它让婴儿在看抱着儿童的镜像父母和看真正的父母之间做出选择。然而，当转向真正的父母时，婴儿的镜像就消失了。因此，只有通过镜子，儿童才能理解（并开始对）父母的态度产生焦虑。与自己的镜像不同，他人的身体不会从镜像到知觉之间发生很大的变化，因此具有一种稳定性，而儿童对于自己的镜像则没有这种稳定性。拉康和梅洛-庞蒂都强调了镜像的形成是基于**他人**的经验，而非与生俱来的自我反思的欲望。

对于梅洛-庞蒂和后期的拉康来说，镜子在婴儿的身体和父母的身体之间建立了一种关系。显然，这种关系在镜像阶段之前就已经存在，但镜像将儿童引入了成人关系的世界。当镜像们之间在相互"玩耍"时，儿童最常高兴地把头转向真正的父亲或母亲。在我们估计儿童已经"认出"父亲或母亲很久之后，他还会继续玩这种"那就是你！"的游戏。布鲁斯·芬克（Bruce Fink，1999）对拉康镜像阶段的重要性进行了出色的总结，强调了这一阶段的主体间性：

> 然而，拉康1960年对镜像阶段的**重新表述**比他早期对镜像阶段的描述更重要，目前只有法文版本。在这里，拉康认为，镜像之所以被内化并带有性欲，是因为父母在镜子前抱着儿童（或看着儿童照镜子）时做出了赞许的手势。换句话说，**镜像之所以具有如此重要的意义，是因为父母**

第三章　混沌社交性与自我的诞生

以点头的姿势**表示了认可、承认或赞许**,这种姿势已经具有了符号性意义,或者是父母在欣喜若狂、赞叹不已或只是感到茫然时经常说出的"是的,宝贝,那就是你!"之类的表达。(Fink,88,强调为原文所加)

芬克继续指出,对于人类来说,镜像阶段只有在儿童生命中重要人物的参与下才能完成:"对于人类来说,镜像除非得到儿童重要人物的**认可**,否则不会形成自我,形成自己的感觉。"(Fink,88)镜中儿童自己的形象本身并无意义,因为它与儿童的感受没有必然的情感联系。然而,儿童与早期环境中的成人有情感关系,因此会立即对**他们的**镜中形象产生兴趣。对镜子中的"自己"的沉迷(investment)是后来才出现的。

镜像阶段最重要的一个方面,就是关注儿童发展中的身体图像是多么不完整和支离破碎。一旦儿童通过他人的镜像与自己的镜像建立了情感联系,他就会开始将自己的经历与该镜像相联系。儿童的身体图像将建立在活生生的经验与儿童所面对的独特图像的不和谐混合体之上。混沌社交性认为经验的本质是含混的;镜像呈现给儿童的是一个坚实的统一体,而这个统一体与婴儿的经验并不一致。拉康在《镜像阶段》("The Mirror Stage")一文中强调了这一点,他写道,镜像呈现给儿童的是一种图像,一种外部的完型,它象征着一种儿童只能在外部形式中**看到**的掌控感(mastery),因为它与儿童沉浸于世界的动荡不安相冲突:

儿童，天然的现象学家

> 因为他（婴儿）身体的整体形式，即主体在幻想中预期其力量的成熟，只是作为一种完型赋予他的，也就是说，是通过一种外部性赋予他的，在这种外部性中，可以肯定的是，这种形式与其说是被构建的（constituted），不如说是构建性的（constitutive），但在这种外部性中，最重要的是，它是作为婴儿的身型轮廓出现在他面前的，这种轮廓凝固了他的身形，并以一种对称的方式翻转了他的身形，与主体感觉到他赋予其活力的动荡运动相对立。(2006，76)

身体图像并不能很好地补充婴儿预先存在的自然身体图式。相反，自己的身体图像与体验自己身体的方式大相径庭，因此，儿童必须努力接受这个形象确实是他自己的。[1]

梅洛－庞蒂写道：“**儿童所拥有的自己身体的视觉图像是极其不完整的。**”（*CPP* 424，强调为原文所加）新的视觉材料必须融入儿童已有的经验中。儿童对自己的身体并没有一个全体的图景。他对世界的这一情境化体验，是儿童强烈的自我中心态度的原因。儿童的身体不是世界的一部分，而是世界不可见的枢纽。幼儿必须将他的手的视觉所予，与"抓握"的触觉所予结合起

---

[1] 瓦隆委托拉康撰写的《个体形成过程中的家庭情结》（"Les complexes familiaux dans la formation de l'individu"，1938）是梅洛－庞蒂非常熟悉的一篇文章，也阐明了这一点。拉康写道："但是，即使主体受到镜像的情感或运动影响，他也无法分辨出镜像本身。此外，在这一阶段特有的不一致中，镜像只是增加了一种暂时的外来侵入。我们可以称之为自恋的侵入：镜像所引入的统一性有助于自我的形成。但是，在自我确认其身份之前，它与形成它的镜像混淆了；它最初是异化的。"（Lacan 2001, 43）

来，但身体图像本身需要一种新的全体性的整合，一种新的身体图式：

> 理解镜像意味着将新的所予整合进其图式中。因此，儿童会设想镜中的图像，并将其据为己有，这一操作比瓦隆描述的操作要具体得多。在此过程中，儿童会整合那些异乎寻常的所予（eccentric givens），这些所予被认为与视觉所予一样有价值。身体图式也发生了重组。(*CPP* 424)

镜前阶段（pre-mirror stage）的身体图式与镜后阶段（post-mirror stage）的身体图式并不能和谐地融为一体。自己身体的视觉图像需要一种新的"朝向世界的存在"（être au monde）的方式。

亲历的经验在任何表征中都会发现一种不贴合的匹配。我身体的任何照片、电影或镜像都无法完全捕捉我的体验。因此，梅洛－庞蒂强调图像的梦幻性特质。他并没有把图像说成是"不真实的"，而是强调了图像在真实体验中引发的困惑。图像之所以呈现出梦幻般的特质，是因为它要求将这一视觉事物与人自身的经验不可能地结合在一起。儿童通过游戏了解到，镜像与他自己的行为有某种联系。但他与镜像接触时的喜悦并不表明他知道镜像就是他自己。如果婴儿像我在镜子中认识自己那样认识镜子中的自己，那他为什么要把镜子中的自己当成一个小伙伴来玩呢？成人也会和自己的镜像"玩闹"，但方式不同。我们在想象自己和别人在一起的样子，想象别人会怎么看自己，想象自己在不同的发型、面部表情和服装下的样子。成人的自我意识的虚荣在婴儿身上是不可能出现的。然而，自我意识的虚荣并不是成人沉迷镜像的唯一动机。即使在自我认同发生之后，镜像仍然保持着它的特殊性，永远不会仅仅成为我们使用的"工具"。

梅洛-庞蒂在他的索邦大学演讲中探讨了这样一个观点，即相对于对世界的感官间体验（对象在其中被我们联觉性地体验）来说，通过日益复杂的视觉系统来识别作为对象的物体，是一种二阶的能力。最初，一个人**朝向世界的存在**并非主要是视觉上的，也并非主要是听觉上的。知觉经验的发展与进入一个主体间的、符号化的人类世界是相辅相成的。正是语言和知觉使得梅洛-庞蒂称之为"一种新的存在形式"的二级视觉存在模式成为可能。对儿童来说，这是一种"崭新"的存在形式，因为它改写了儿童理解自己和他人的方式。儿童现在从"亲历的身体"转向"作为可见的和被感知的身体"（*CPP* 425）。视觉形象使儿童继承了作为众多主体中的一个主体的地位，而不是儿童的实际生活方式：一个活生生的存在，只要他没有从世界中被个体化出来，他就是世界的中心。"能够被看见"的感觉并不是建立在先前的、更幼稚的自我意识之上。自我性（selfhood）是一种新生的、传递性的经验创造；不存在原初的主体。在梅洛-庞蒂的论述中，具身经验通常被定义为一种全体性的一般体验。

既然视觉感知与生命的二阶的、主体性阶段相关联，那么我们是否必须摒弃梅洛-庞蒂关于知觉的优先性的论断呢？这些讲座确实有助于理解经验的生成，以及知觉的具身性如何永远无法通过对视觉所予的讨论来实现。分析的另一面是,为解释知觉而给出的语言符号几乎不足以解释**非视觉**元素是**视觉**经验不可分割的一部分。语言的分析往往局限于将知觉仅仅作为视觉所予和伴随的判断来讨论,而难以顾及知觉的非视觉背景。原始的经验形式仍然是构成所有其他经验的基础。因为它们本身植根于身体的亲历的存在,所以主体永远不会超越(outgrows)它们。

知觉仍然是首要的,但知觉的概念已经有所发展,更多地包含与知觉相关的非视觉方面。"被感知"的感觉和在镜子中感知"自己"并不是原始知觉的一部分。由于对自己身体的辨认并不是从"具身"的活生生的经验中获得,这就造成了婴儿的内在直观与他在镜子中辨认自己的能力之间的裂痕。视觉线索还不足以提供一种主体活在其身体中的情感方式的表征。要与成人的符号世界同化,就必须"切断"或压抑与统一的自我不符的经验。在镜子中,儿童为了开始掌握一种符号系统,需要在"父亲"和"自我"的原型之间进行转换。"父亲"的经验被置于与镜中自我的更混乱图像相对的位置。

这种经验的复杂因素在于它本质上的语言的和主体间的特质——父母一边说话一边指指点点,这有助于过渡,并使视觉感知和语言之间的紧密联系更加复杂。根据弗洛伊德的解读,一个人的自我感与他对父母的态度密不可分。当儿童学会区分"自我"和"他人"时,他必须把自我当作"他人"。在这样做的过程中,儿童为了在新角色中保持和谐,就会剥离他过去经验中的一些元素。因此,即使镜像的"谜"解开了,镜像仍然保持着

"他异性"，这也是镜像之所以有趣的原因。因此，镜像不会仅仅成为自我的符号。它继续体现着一种实在性的幽灵般特质。

在镜像阶段之前，儿童只能沉浸在自己的世界中。一旦身体对象化，第一种同一性便形成了。儿童并非仅仅通过脱离混沌的婴儿世界而获得成长，还因为认识到自己与他人从根本上被视觉身体所隔离而受到创伤。"与此同时，我自己的身体图像使一种**异化**成为可能，即我的空间图像对自我的**驾驭**。这种图像为另一种异化，**即他人对我的异化**做好了准备。"（CPP 254，强调为原文所加）由于一个人的活生生的经验与为表征这种经验而提供的视觉形象之间的不一致，在镜像阶段形成的主体性并不是对主体性状态的完全的过渡规定。用拉康的话说，身体图像是一种想象的创造。正是通过语言的习得，儿童学会了将这一身体图像与一系列概念联系起来。镜像对儿童来说既是优势也是劣势。它让儿童将本体感觉经验与视觉形象结合起来，从而在其他人中占据一席之地，并加强运动协调。

但是，这种新发现的"镜中之我"（specular I）也带来了心理问题。梅洛-庞蒂将这些发现归功于拉康，并指出拉康认同"镜子也代表着儿童面临的心理危险"（CPP 87）。通过接受视觉表征，婴儿开始对想象中的我投入情感，并逐渐偏离他与世界接触的直接、亲历的方式。新的符号性的自我渴望排除那些威胁它的关系和经验。拉康引用了纳西索斯的神话，在这个神话中，沉迷自我导致了灭顶之灾。梅洛-庞蒂引用拉康所言，揭示出这种新的自我也会导致死亡和自我毁灭的倾向、哗众取宠的欲望以

## 第三章　混沌社交性与自我的诞生

及对他者的排斥。

新的符号性自我允许儿童与他人保持距离。"因此，镜像同样允许主体将自己隔离开来，并建立一个交互系统，为他人的介入提供便利。"（*CPP* 87）镜像允许儿童将自己与世界隔绝开来，但矛盾的是，也允许他参与到与他人进行符号交换的交互系统中。梅洛－庞蒂和拉康之间仍然存在着重要的差异，但他们都主张自我是发展的**产物**，而不是任何一个或所有人类生命预先存在的要素（preexisting element）。梅洛－庞蒂和拉康的作品的一大区别在于，精神分析或哲学在多大程度上可以探究原初经验。梅洛－庞蒂认为，所有的经验都是由原初的、无主体的经验构成的，因此所有的经验都表达了原初的混沌社交性要素。在拉康看来，一旦主体投入到自己的图像、想象和象征中，就无法再回到以前的状态——它将被持续地"禁止"或被"排除在外"（沿着初级压抑的思路）。

在梅洛－庞蒂的作品中，有两个主题在一定程度上证实了自我诞生的理论。首先，人们发现，原始的、同步的阶段从未因主体性的出现而被完全克服，这一观点得到了更多的支持。镜像阶段岌岌可危地建立在视觉图像和活生生的经验之间。作为成年人，我们永远无法完全"克服"镜像阶段，因为我们永远无法解决它带来的问题。梅洛－庞蒂认为，"童年从未被充分地实现"（*CPP* 254）。梅洛－庞蒂既坚持了他之前关于一种原始的原初状态（an original, primordial state）的结论，又认为这一层次永远不会完全消失。其次，尽管发展带来了变化，包括对自我和他人更强有力的理解，但童年时期最"童真"的东西仍然受到重视。在讲座中，人们感觉到儿童与世界的关系受到文化强加的破坏性影响相对较小，因此可以说更直接地揭示了我们的具身经验。新的身体图像所起的规定性作用越大，一个人就越不是以**机体**（Leib，活生生的身体）的身份生活，而是以**躯体**（Körper，物理的、客观的身体）的身份生活。在下一章中，我们将考察当代一些关于婴儿早期经验的研究，这些研究被心理学和哲学的跨学科研究者广泛引用。从表面价值上看，这些研究似乎与梅洛-庞蒂关于混沌社交性的理论相矛盾。我们将考虑一些当代现象学家为我们提供的解读这些重要实验研究的最佳方法。

# 第四章　当代心理学和现象学研究

索邦大学讲座的精神及其实践就是去参与广泛的当代研究。因此，我们不仅应该总结梅洛－庞蒂的讲座，而且应该在当代关于儿童经验与我们理解人类状况的相关性的讨论这一更广阔的背景下思考这些讲座内容。在上一章中，我们发现梅洛－庞蒂认为，通过镜像将身体客体化，开启了独特的自我感觉和他人感觉。这让婴儿开始明白，自己是可以被他人观察到的。在这一阶段之前，婴儿生活在一种混沌社交性状态中，还不具备区分自我和他人的能力，也不具备对自己进行心理表征的能力。然而，当代关于新生儿模仿的大量实验研究却与梅洛－庞蒂关于幼儿无法模仿甚至无法集中目光的描述相矛盾。本章将讨论对于幼儿期的当代研究及其若干解释，尤其关注围绕原初主体间性的争论。这项实验研究使许多人对婴儿早期的本质提出了质疑。大多数观点认为，新生儿模仿表明，我们来到这个世界时，已经初步了解了自我和他人之间的差异，而不是处于早期的综合阶段。

有一种解释与梅洛-庞蒂的混沌社交性有很大不同，那就是心智理论（theory of mind）的解释。心智理论认为，主体间性从根本上说是认知性的。可以说，一个婴儿在多大程度上拥有原初的主体间性，就是她在多大程度上拥有"心智理论"。心智理论广泛用于描述我们对他人心灵状态的理解——知道你有信念、态度、欲望和想法。我的心智理论会在我的成长过程和我对他人的各种体验中发生变化，但为了让我把他人当作另一个人来欣赏，心智理论认为我至少必须对心智状态是什么样的有一个初步的"理论"，并且认为它们是主观的。对于拥有现象学思维的思想家来说，这种模式似乎把婴儿过度知识化了，而且很难与其他实验研究相协调。本章第三节将转向当代现象学研究者，他们进行了同样的实验研究，但对主体间性的本质得出了不同的结论。他们认为，原初的主体间性不是一种比较或模拟的心理操作，而是一种具身经验。加拉格尔（2005）的"互动理论"提出了一种观点，即主体间性只能部分地用心智理论来解释；与他人的互动在很大程度上受习惯和环境背景的支配。斯塔沃斯卡（2009）的"对话现象学"侧重于婴儿时期母子之间面对面的交流。她指出，现象学在传统上侧重于第一人称视角，但仍无法解释主体间性的起源。梅洛-庞蒂肯定会修改他对婴儿早期感知的理解，从而修改他对早期生活的描述。他很可能会走上与斯塔沃斯卡和加拉格尔相似的道路，寻求一种真正跨学科的主体间性研究方法。

第四章　当代心理学和现象学研究

**新生儿模仿**

在梅洛-庞蒂去世后的半个世纪里，对人类早年经验的研究为我们展示了一幅令人印象深刻的图景——我们对自己、他人和世界的认知程度在不断深化。一个躺在摇篮里、扭动着手脚的婴儿可能看起来心不在焉、无法集中注意力、被内心的欲望所支配，但我们却发现，即使在出生后不久，婴儿也能够进行相当复杂的人际交流。虽然这项研究仍在进行之中，而且关于需要何种发展理论来解释这些研究结果还存在很大争议，但它似乎与梅洛-庞蒂关于婴儿生命的许多论述相矛盾。

对新生儿模仿的研究被用来表明，婴儿有一种非常早熟的，甚至是与生俱来的能力来理解自我和他人之间的差异。本节将探讨当代对我们早年经验的研究，以及与梅洛-庞蒂论点相反的理论。这些理论认为，婴儿不仅拥有原始的身体图式，还拥有在自我和他人之间进行混合（equivocate）的原始能力。原始的或与生俱来的自我感和他人感，无论是被视为一种心智理论还是一种互动体验，都对梅洛-庞蒂关于早期生命的混沌性描述提出了疑问。

在过去的几十年里，在人类模仿领域催生了大量的研究和书籍，这些研究和书籍专门用于解释模仿及其对我们理解早年生活和认知的潜在影响（Meltzoff and Prinz, 2002; Nadel and Butterworth, 1999）。直到20世纪70年代，婴儿早期的模型都倾向于把幼儿描绘成专注于内在、无法处理来自外部世界的视觉和触觉材料的人。心理学史上的伟大人物,如皮亚杰、弗洛伊德和斯金纳,都认为婴儿在很大程度上无法对环境进行视觉处理或做出反应。与此相反,最近在不同环境和不同国家重复进行的研究证实了心理学家安德鲁·梅尔佐夫(Andrew Meltzoff)和基思·摩尔(M. Keith Moore)在 1977 年对婴儿面部模仿进行的开创性研究的结论。他们发现,即使是新生儿也能够协调自己的行动,成功模仿其他人。在这项研究和随后的诸多研究之后,许多理论家认为,更为复杂的运动控制、自我意识和人际交往机制是与生俱来的能力,而不是出生后才学会的。这些研究使许多人得出结论,认为在出生前就存在一种原始的自我觉察和他人觉察。这与梅洛－庞蒂关于婴儿无法用视觉处理周围环境的假设,以及他对我们历史上主要互动方式——混沌社交性——的描述背道而驰。相反,我们来到这个世界时似乎已经有了自我觉察,并准备好与他人和其他主体交往。此外,许多理论家认为,预测和解释他人信念的能力,即心智理论,才是主体间性真正的原初模式(the primary mode)。

"自我觉察"意味着什么?某种将我自己的主体性经验视为**我的**主体性经验的能力,这为区分自我觉察和一般觉察奠定基础。猫有觉察,但不一定有自我觉察。猫会交流,它们有意图,它们会社交;然而,它们理解我们有信念吗?我猜想,它们似乎对于无法捕捉到窗外的小鸟感到沮丧,但这并不是它们"拥有"的,就像它们不明白我拥有我自己的心灵状态一样。相比之下,自我觉察对于人类从外部环境中抽象出来并理解他人心灵中存在

## 第四章 当代心理学和现象学研究

着不可见的内在世界至关重要。

我们需要注意的是，不要把任何持续的交流或意向性行为解读为原始或完整形式的自我感。这种对自我感的赋予往往是我们倾向于拟人化的结果：例如，我们赋予宠物各种心灵状态和意图。很多人会强烈反对宠物没有情感和欲望等经验的说法。动物显然有独具的个性和特有的需求。当我观察到我的猫阿伯纳西在看窗外的鸟时，我知道它想抓住那只鸟。用这样的词语来描述它的欲望似乎是合理的，但我必须小心谨慎，不要认为它觉察到自己的欲望是"我的欲望"，换句话说，是一种主体性的状态。我没有理由相信阿伯纳西具有构成自我意识的那种二阶反思——反思它对鸟的欲望是**它的**欲望的某种能力。如果观察可以理解的理智行为就足以构成自我觉察，那么从蜜蜂到人类的一切都将具有自我觉察。相反，自我觉察需要某种对所有权的理解。要知道我拥有自己的情感，而且它们对所有人都不透明，我就必须知道我的精神生活不是一种共享的体验，而且我是这种精神生活的主人。我必须能够与我的信念、欲望和想法保持一定的距离，并将它们视为"我的"，就像我能够理解阿伯纳西对猫粮的渴望是它的渴望一样。交流似乎并不需要觉察到自身是一个"自己"(a self)。许多动物都会交流；在晚餐时间，阿伯纳西会让我知道它对吃东西的看法，但并不是所有动物都会把自己的情绪和精神状态表现出来。阿伯纳西似乎并不思考自己；它似乎无法对自己的内心状态进行自我反思，因此它也无法对我的内心状态进行反思。

关于身体，我们可以在此区分"身体图式"和"身体图像"。身体图式是我组织自己的行动、对环境线索做出反应以及追随身体意向的能力。在我的日常意识中，大部分身体图式都是无意识的或无主题的。身体图像是一种将自己的身体视为可被他人观看的事物的能力。我们可以以身体畸形障碍和神经性厌食症等身体图像障碍为例；患有这些障碍的人在考虑自己的身体时会感到极度痛苦，并强烈要求改变自己的外表。身体图像并不需要一面镜子（尽管如果按照镜像阶段的必要性理论，它可能需要一面镜子来发展）；毕竟，我对自己的身体有一种感觉，而不总是需要一面镜子来参照。我在情感上和理智上如何将自己的身体与身体图像联系起来，会影响我的身体图式。如果我对自己的外貌感到自卑，那么我可能会不假思索地约束自己的日常动作（Young 1990a，1990b；Bordo 1995）。如果没有身体图像，似乎很难想象模仿是如何发生的。我必须对自己的身体有一定的了解——不仅仅是基本的身体意识——还要了解它在空间中的局限性，以及它的可能性——才能去模仿另一个人或另一个事物。即使我被要求模仿一个形状和能力与我截然不同的事物，比如一只鸟，我也会找出我自己的身体和鸟的身体之间的相似之处。我可能会扇动我的手臂，因为我知道我的身体有各种可能性，而这是最接近的。在这里，我们可以理解身体觉察感和身体所有感之间的区别。猫有身体图式，但我们认为它没有身体图像。如果婴儿能够模仿，我们可以得出结论，他一定有一个身体图像，或者有某种东西能够发挥同样的作用，提供某种身体表征。

从一个不会说话的生命身上,我想要看到什么,才能断定在该生命之中有自我觉察感,而不仅仅是觉察?有人提出,模仿不仅是许多学习的基础,也是人类听从德尔斐神谕的早熟能力的最初表现。如果我真的模仿你的手势,就表明我明白你和我是相似的存在,能够做出相似的行为。与我们从动物身上获得的有限模仿不同,人类的模仿是自由的、可塑的和自发的。人类的许多行为都源于我们模仿他人的能力,而动物的行为似乎是硬性规定的。是什么原因造就了这种非凡的天赋呢?也许我们的思维天生就具有模仿能力,我们天生就能感觉到自我与他人的区别。

梅尔佐夫和摩尔(Meltzoff and Moore,1977)在讨论他们的发现时指出,早年模仿现象可以有几种不同的解释。一种观点认为,婴儿的模仿行为只是学习或适应行为。换句话说,"模仿是基于实验者或父母的强化"(1977)。显然,婴儿会学习。如果婴儿的早期模仿是照料者行为的结果,那么就不能从中得出关于先天自我意识的具有哲学意义的结论。梅尔佐夫和摩尔否定了这一论点,认为他们的实验是专门为避免不必要的影响而设计的。此外,对新生儿模仿的关注正是为了表明,在与他人进行任何重要互动之前,模仿是存在的。

第二种可能的结论是认为婴儿有一种硬性的释放机制,即一种反射动作。这种机制同样会将这种说法的哲学意义降到最低,因为它表明,没有理由将太多的自我意识或对他者的认知归因于婴儿。梅尔佐夫和摩尔认为,婴儿模仿的范围与这一结论相悖。如果婴儿只进行一种行为，那么先天的释放机制很可能就是罪魁祸首。有文献记载了多种类型的模仿。此外，婴儿还表现出延迟反应和渐进式学习，从而表明了记忆和表征的使用（Meltzoff and Moore 1996，222）。

因此，梅尔佐夫和摩尔提出了一个在哲学上更有趣的结论，即最初的心灵结构允许婴儿拥有自我和他人的最初等价性。"我们假设，所观察到的模仿反应并不是先天组织和'释放'出来的，而是通过主动的匹配过程和抽象的表征系统中介完成的。"（1977，78）后来，梅尔佐夫和摩尔使用了更强烈的语言，明显与婴儿内在的心智理解理论相联系：

> 我们赞成用另一种方法来取代强烈的先天论。这种观点认为，进化留给人类婴儿的不是成人的概念，而是作为"发现程序"的初始心灵结构，用于发展更全面、更灵活的概念。在理解人的过程中，模仿是一种发现程序。通过与他人的互动以及随之而来的自我认识的增长，婴儿参与了一个开放式的发展过程。如果我们采用这种发展观点，就很容易假设，发展"心灵理解"的基础可能是早期模仿中表现出的"自我"和"他人"的最初等价性。(Meltzoff and Moore 2000，180）

这里潜在的哲学问题是什么？其一，从发展的角度看，我们不是作为一个"白板"（tabula rasa）出现，然后被嫁接上自我

## 第四章　当代心理学和现象学研究

意识,而是从一开始就是主体间的——作为自我觉察和他人觉察的存在。自我与对他人的理解是同时发展的。如果婴儿与生俱来就有自我感和他人感,那么就必须重新考虑关于自我觉察和他人觉察在多大程度上由语言和文化所规定的这一强有力的主张。此外,这将支持这样一种观点,即我们从一开始就不仅是具身的存在者,也是有自我觉察的存在者。因此,成人的主体性并不是从准动物性(quasi animalistic)、无主体的婴儿期"创造"出来的,而是一种自然发展。在任何关于人际关系和社会意识发展的讨论中,对模仿的研究都将是一个基本要素。对于那些主张用心智理论来解释主体间生活及其发展的心理学家和哲学家,以及主张自我意识伴随着所有意识意向性的现象学家来说,这样的结论尤其有趣。

肖恩·加拉格尔和安德鲁·梅尔佐夫(Shaun Gallagher and Andrew Meltzoff, 1996)在他们的文章《自我感和他人感:梅洛-庞蒂和最新的发展研究》("The Newborn Infant is Capable of a Rudimentary Differentiation Between-Self and Nonself")一文中讨论了新生儿模仿研究的重要性,并声称"新生儿能够初步区分自我和非自我"(223)。他们的结论是,**原初的身体图像**是存在的:"此外,虽然新生儿对自己的面容没有视觉感知,也不具备已形成的身体图像的其他概念的和情绪的方面,但这项研究提出了一种可能性,即婴儿确实具备形成身体图像所需的最原始的感知要素——本体感受的觉察(proprioceptive awareness)。"(223)原初的身体图像表明,婴儿认为自己的身体是可以被看到的,因此与其他的身体相似。在加拉格尔2005年出版的《身体如何塑造心灵》(How the Body Shapes the Mind)一书中，我们将看到他的解释不再接近心智理论。但这篇早先发表于1996年的文章从哲学角度为心智理论进行了辩护。

许多心理学研究重新评估了新生儿感知和运动控制的状况。在梅洛-庞蒂的时代，人们普遍认为婴儿不能进行视觉聚焦。但我们发现，婴儿，甚至是新生儿，都具有相当的感知觉察。范德米尔、范德韦尔和李(A. L. H. van der Meer、F. R. van der Weel and D. N. Lee, 1996)的研究表明，以前被认为没有运动控制能力的早期婴儿，实际上会对电视上的手臂图像做出反应。当相应的图像（显示抬起手臂）出现时，他们会继续抬起手臂；当图像（显示放下手臂）出现时，他们会放下手臂，即使他们必须"推"着重物才能做到这一点。这些研究表明，当图像与婴儿身体的实际动作相似时，他们"更喜欢"观看自己手臂的图像。马塞拉·卡斯蒂略和乔治·巴特沃斯(Marcela Castillo and George Butterworth, 1981)证明了新生儿视觉和听觉之间的协调。所有这些研究都表明，婴儿对于作为"自己"的他们自身有更多的觉察。

婴儿存在身体**图式**这一结论并不一定与梅洛-庞蒂的研究相悖。关于存在原初身体**图像**的论断与梅洛-庞蒂对早期婴儿的看法以及他后来对镜像阶段的看法是相悖的。当然，婴儿有能力控制自己的动作，这是身体图式存在的必要条件。"与此相反，身体图式涉及某些运动能力、技巧和习惯，这些能力、技巧和习惯使婴儿能够运动并保持姿势。"（Gallagher and Meltzoff 1996，215）但是，他们是否对自己的身体表现出"心灵表征、信念和态度"，哪怕是最基本的形式（215）？身体图像也许是人类独有的财产，它要求人们有能力认识到，自己的身体及其主体性体验等同于他人的身体及其内在的、隐秘的、主体性的生命。

要拥有身体图像，我必须能够向我自己表征我的身体。身体图像要求与经验保持距离，而这对于我们的动物表亲来说，即使不是不可能，也是很困难的。我只能看到自己身体的一部分，需要借助镜子等设备才能获得"整体"图像，与此相反，我可以把自己的身体想象成别人眼中的我的身体——一个被看到的物体。正如具身化理论者们所解释的，问题在于任何身体图像都无法捕捉到我在身体中的真实生活方式。我不会像在世界上遇到另一个人那样遇到我自己；事实上，我根本就没有"遇到"我自己。我就是我的具身化生命。为什么人们会认为婴儿的机能水平如此之高呢？正是因为新生儿的**面部**模仿，人们才会认为，这种模仿需要这种自我觉察能力，即把自己的身体表征给自己，以模仿对方的面部运动。与模仿声音或手势不同，新生儿面部模仿需要具备基本的相似性识别能力。因此，婴儿的模仿非常具有说服力，因为它发生在婴儿从镜子中看到自己的形象之前。

以前关于自我觉察发展的一个主要论点是，婴儿在能够形成任何有关自己身体的表征之前，需要有一个自己的形象。正如前一章所讨论的，用亨利·瓦隆的说法——该说法后来在拉康那里变得更为著名——婴儿必须经历镜像阶段才能形成身体图像。但新生儿模仿的研究人员强调，他们不需要用镜像自我认知来解释自我感和他人感的出现。他们发现，新生儿在没有条件反射、丰富的人际经验或自我认同的情况下也能模仿成人：

> 我们并没有说新生儿的模仿能力和一岁的儿童一样"优秀"。我们只是建议，认为婴儿一出生就没有模仿能力的强烈观点是与数据相矛盾的。显然，模仿能力一出生就具备了，不需要大量的互动经验、镜像经验或强化历史。(Meltzoff and Moore 1983，707）

在梅尔佐夫看来，镜像阶段只是在原有自我意识基础上的发展，而不是儿童理解能力的重大转变。新生儿的模仿为他提供了充分的证据，使他能够声称，模仿能力显示了一种原初的能力，即把自己的身体理解为就像别人的身体一样。因此，之后从镜子中看到自己的身体并不会产生冲突。相反，镜子的感知有助于使新生儿已有的原–身体–图像（proto-body-image）具体化。

梅尔佐夫发现，以前对婴儿缺乏运动控制的理解不仅是错误的，而且解释运动行为的理论结构也存在缺陷。其中一个问题就是"转译"（translation）。"转译"范式以前是用来理解感知与动作之间联系的主流模式，它尤其倾向于否定婴儿的模仿行为。梅尔佐夫和沃尔夫冈·普林兹（Wolfgang Prinz）在《模仿的心灵》（*The Imitative Mind*）一书的导言中总结了两种不同的范式——转译（或感觉运动）观点和认知方法。感觉运动观点认为，感觉器官的语言和运动器官的语言是不同的。例如，如果我看到一杯咖啡，这一信息会通过感觉语言传入我的大脑。如果我拿起咖啡杯，大脑中的运动代码就会被激活。在"看到"咖啡杯与"拿起"咖啡杯之间必须存在一种"转译"。梅尔佐夫和普林兹写道，"转译"成为了一种主要的隐喻，"这种隐喻强调了感觉代码和运动代码之间的不可比性，暗示两者属于不同的表征领域，因此只能通过创建任意映射的方式相互联系"（2002，7）。这种说法通常认为，由于两种说法不一致，婴儿的模仿并不反映婴儿已经实现了这种转换，相反，婴儿的"模仿"只是表明偶然的模仿得到了他人的强化：

> 这种观点认为，婴儿学习模仿反应的方式与学习其他行为的方式相同，即刺激与反应之间没有任何相似性的功能支持。相反，模仿反应最初是偶然出现的。它们会立即得到观察者（如父母）的强化，而观察者能够注意到它们的模仿特征。因此，从功能上讲，婴儿并不是在模仿父母，当然也不是有意模仿，而是父母在婴儿的行为碰巧与他/她自己（或其他模式）相似时对其进行强化。(7)

但这种说法无法解释"新生儿模仿或成人模仿的新行为的发生"（8）。相比之下，普林兹和梅尔佐夫为**认知**范式辩护，因为他们"为感知和行为援引了一个共同的表征域"（8）。认知范式认为，新生儿可以理解他们看到的身体变化与他们自己感觉到的身体变化之间的等价性。常见的范式是"超模态感知系统"（supramodal perceptual system）。这种系统允许婴儿"识别"（recognize）他人的身体图像与自己的身体图像平行。因此，认知理论不需要假设任何形式的"转译"，因为感知和有意的身体运动是由同一个系统支配的。

尽管皮亚杰认为婴儿早期模仿是不可能的，但梅洛－庞蒂确实讨论过儿童模仿。在1951—1952年的演讲《儿童心理学的方法问题》中，他关注的是保罗·纪尧姆（Paul Guillaume, 1971）关于模仿的文章。在纪尧姆看来，模仿不是儿童"模仿"成人，而是儿童重复成人对客体所做动作的客观结果。因此，如果大人拿起一块木块又放下，儿童感兴趣的是木块，而不是大人的动作：

> 纪尧姆是这样看问题的：当我模仿时，模仿的不是别人，而是他们与客体有关的行为。模仿的是行为的客观结果，而不是姿势。例如，当儿童模仿写字的人时，正是通过积累 [par surcroitre] 才产生了动作的模仿。(*CPP* 426)

梅洛－庞蒂驳斥了纪尧姆的理论，即模仿是儿童重复动作的对象性结果，即对客体的影响。他提出了与新生儿模仿相同的问题——儿童为什么会模仿那些没有目的、不需要对于客体进行可见操作的动作？为什么新生儿会伸出舌头？这种模仿的"客体"是什么？与梅尔佐夫和摩尔一样，梅洛-庞蒂明确反对任何把模仿理解为条件反射或先天反射的联想主义理论。模仿所表现出的游戏性和人与人之间的联系远远超过了操纵客体的实际愿望。

基于对婴儿模仿和婴儿身体运动的这些研究，许多人呼吁修正早期作家（包括梅洛-庞蒂在其混沌社交性理论中）提出的**非二元论**（adualism），而转向自然**二元论**（natural dualism）。我们来到这个世界，就有能力区分自我和非我。乔治·巴特沃斯（George Butterworth，2000）反对弗洛伊德和皮亚杰的"非二元论的混淆"——认为婴儿缺乏身体图式的发展禁止了他的自我感，而他主张自然二元论。继詹姆斯·吉布森（James Gibson，1966）和乌尔里克·奈瑟（Ulric Neisser，1988）的研究之后，巴特沃斯得出结论认为，生态学视角能更好地解释发展，并为解释以后的发展提供了更有说服力的理论。保罗·布鲁姆（Paul Bloom）的著作《笛卡尔的宝宝》（*Descartes' Baby*，2004）也总结道，研究不仅表明婴儿有自我和非自我的意识，而且还表明婴儿对待人与对待物体的态度是不同的（14-19）。

因此，当代思想显然反对梅洛-庞蒂关于婴儿早期生活是非二元论的和去主体性的论点。相反，人们普遍认为，对新生儿模仿的实验研究表明，婴儿正在萌生某种原初的自我和他人的等价性。镜像阶段虽然不一定会被驳倒，但作为自我觉察的诞生阶段，其意义却大打折扣，我们需要重新审视梅洛-庞蒂关于混沌社交性的论断。当代研究的问题是：我们如何理解这一早期阶段？

## 心智理论

"心智理论"是一种流行的解释,它推动了大量的经验研究和理论争论。由梅尔佐夫亲自倡导的心智理论认为,新生儿模仿和其他有关儿童早期和后期的研究告诉我们,主体间性是一套关于他人和自己的信念——一种理论——的发展问题。心智理论的主张与自然二元论是一致的,因为它虽然对新生儿心智理论的程度存在争议,但它确实得出结论:必须存在某种原始的主体间性,才能解释新生儿的模仿。心智理论认为,进化使婴儿有能力发现和描绘自己的行为与身体以及他人的行为之间的等价性,从而形成关于他人心灵状态的理论。

关于这种与生俱来的能力的性质和程度,存在着很大的争议。有一些人,比如约瑟夫·佩尔纳(Josef Perner,1991)认为,我们应该认为大多数正常儿童在四岁时就会出现心智理论。通过谬误信念测试为儿童在四岁左右发生这种变化提供了证据。在这个年龄段,儿童已经有了**表征心智理论**(representational theory of mind)。在形成心智理论之前,幼儿有一种解释世界的模式,其目的是提高忠实表征世界的能力。戈普尼克(Gopnik)和梅尔佐夫(1997年)与佩尔纳一样,也是"理论论"(theory theory)的心智理论持有者,因为他们强调主体间性依赖于**理论**的观点。儿童有关于其他生命的诸多实际**理论**——他们把意图和动机归因于其他事物、人和动物。更复杂、更微妙、反应更迅速的理论证明了儿童的发展。例如,我们大多数人都见过幼儿摔倒后，不是立即哭泣，而是四处寻找安慰他的大人。一旦看到可能的照顾者，儿童就会嚎啕大哭。在这种状态下，儿童已经不仅仅是在不高兴时哭泣，而是认识到如果周围没有人，就无法给予安慰。我们可以把这解释为儿童对他人理论的发展和对他人观点的认识。因此，就像皮亚杰的阶段划分一样，我们可以看到儿童在其发展过程中会经历不同的阈值，他们在多大程度上能够理解他人心灵状态的深度，或者在多大程度上无法从理论上理解他人（如自闭症患者）？另一个心智理论群组是"模拟"（simulation）理论者们，他们认为我将自己的心智作为一个模型，然后通过想象或"模拟"自己处于他人的位置来判断他人（Davies and Stone，1995）。

戈普尼克和梅尔佐夫（Gopnik and Meltzoff，1997）更倾向于这样的解释，即婴儿具有成人心智理论的起始能力，但尚未拥有成熟的框架。梅尔佐夫和普林兹（Meltzoff and Prinz，2002）对这种"起始状态先天论"（starting-state nativism）进行了总结，认为**"'婴儿'与他人的联系源于这样一个事实，即他们看到他人的身体运动模式被编码为与他们自己的运动模式相似"**（10，强调为原文所加）。心智理论解释了新生儿的模仿，也为解释他们未来的发展提供了一个模型：婴儿越来越多地与环境互动，探索他人的反应，建立自己的心智理论。当看护人离开房间时，婴儿停止了哭泣，我们就可以得出结论，她的心智理论已经发展到能够认识到别人必须听到声音才能做出反应。心智的起始状态理论还能将大脑异常和环境差异造成的差异纳入其中。难怪罗马尼亚孤儿院的儿童和著名的黎巴嫩托儿所研究的儿童在人际交往能力和移情能力方面发展受阻（Dennis，1973）。在这些情况下，孩子们很少得到照顾，与人的接触也少之又少。托儿所儿童与保育员的互动有限，无法获得足够的经验从而在自我理解和对他人的理解之间建立适当的联系。

同情心智理论主张的心理学家和哲学家常常将自闭症谱系视为一个人不具备这种主要的自我觉察和他人觉察时会发生什么的证据。自闭症谱系中的许多人看起来功能很强，但在非常基本的主体间互动方面却存在困难。例如，他们在日常对话中存在问题，往往过于沉默或过于迂腐。有一种观点认为，自闭症患者迟迟无法或缺乏对他人精神状态形成信念的能力，因此他们不会对明显的言语和非言语暗示做出反应。正常发展的标志是获得关于他人心灵的正确信念，而这应该由实验测试进一步证明，展示出处于不同阶段的儿童获得了更复杂的主体间互动方式。

很难理解一个婴儿怎么会有"理论"，哪怕是非常初级的理论。理论听起来像是心理学家或哲学家的东西，而不是一个新生婴儿的东西。事实上，即使是成年人的经验，似乎也不会把日常生活中其他人的心灵状态理论化。在哲学和心理学探究之外，我们似乎并不需要参考某种理论来理解他人的行为。心智理论学说并不认为我们成功建立主体间关系所需的心智理论是有意识的、经过深思熟虑的，就像制定人类发展理论那样。大多数"理论"都是无意识和习惯性的。心智理论主义者们认为，要解释新生儿的模仿、儿童从模仿和游戏中学习的能力以及我们成年后复杂的

第四章　当代心理学和现象学研究

人际关系，我们必须参考某种心智理论，使我们能够适应不断变化的情况并做出反应。艾莉森·戈普尼克（Alison Gopnik）在其著作《哲学婴儿》（*The Philosophical Baby*，2009）中对婴儿的经验进行了全面的描述，并指出任何理论都需要解释婴儿的自然能力，但更重要的是要解释人类发展的适应性和灵活性。心智理论可以为主体间性的发展提供一种可能的理解。

然而，在解释为我们提供新生儿模仿证据的经验研究时，也存在一些争论。最直接的攻击是认为新生儿的模仿**作为**模仿事实上根本不存在。有些论点认为，这些数据并不要求我们否定以前的理论，即婴儿模仿是一种"反射"：一种与生俱来的释放机制。这种反驳的依据是，新生儿中只有伸舌头的动作是可靠的。如果只有一个动作是有规律的，那么这个动作更有可能是反射而不是模仿。或者说，伸舌头只是探索世界、与世界互动的一种方式，而不是模仿本身。

摩西·安斯菲尔德（Moshe Anisfeld）的论文《只有伸舌模型与新生儿相匹配》（"Only Tongue Protrusion Modeling is Matched by Neonates"，1996）研究了所谓证明新生儿模仿存在的实验。安斯菲尔德指出，虽然婴儿确实能表现出张嘴等其他动作，但这些结果与伸舌头并无密切联系。他研究了九项关于伸舌头和一种其他面部动作（如张嘴或头部运动）的研究，结果发现：

> 在已回顾的研究中，有确凿证据表明新生儿期舌头前伸具有模型效应。但头部运动和张口的模型效应证据不

· 139 ·

足，而且在研究中相互矛盾。如果说张嘴有影响，那么重新分析后发现，这些影响似乎是舌头前伸影响的延续。(159)

安斯菲尔德等人在2001年的一篇文章中报告了重复进行新生儿模仿对照实验的情况，他们再次未能找到除伸舌头以外的其他模仿行为的有力证据："这项研究和之前的研究都没有发现张嘴效应，这破坏了模仿假说。如果新生儿有模仿能力，那么没有明显的理由说明为什么只限于伸舌头。"(119)安斯菲尔德认为，唤醒假说或其他假说（如先天释放机制）更有可能，因为重复和准确模仿伸舌头与其他模仿行为并无密切联系。婴儿会因活跃的面容而兴奋，但他们自身的身体兴奋可以解释为一种运动的唤醒，因为根据安斯菲尔德的观点，除了伸舌头的情况外，婴儿的头部运动并不是模仿性的。

苏珊·琼斯（Susan Jones，1996）也质疑是否应该把舌头伸出所表现出的匹配称为模仿，部分原因是伸舌头和张嘴并没有很强的相关性，但更重要的原因是，当物体（而不是人脸）在婴儿面前晃动时，伸舌头往往会有规律地发生。这些结果表明，伸舌头可能是新生儿的一种条件反射，或者是在更复杂的身体控制之前"探索"世界的一种方式。琼斯的研究表明，不仅类似乳头的物体会导致婴儿伸出舌头，而且其他感兴趣的物体——其中一个例子是带有闪烁灯光的铁路信号——也会导致婴儿伸出舌头，其频率远远高于婴儿不看该物体时的频率。因此，琼斯得出结论，伸舌头可能是婴儿对探索世界的自然兴趣的早期表现，而

## 第四章 当代心理学和现象学研究

不一定是一种社会交流。

如果伸舌头是一种探索世界的方式，而不是一种具有主体间意义的行为，那么我们就可以很容易地解释为什么没有在所有婴儿身上发现新生儿的模仿能力。梅尔佐夫和摩尔提出的"'自我'和'他者'的初始等价性存在"这一论点，在健康新生儿中没有发现全面的模仿能力时，仍然存在问题。没有模仿能力的婴儿是否缺乏初始等价性？他们的心智发育是否较差？他们后来形成的模仿能力是否也很迟钝？如果是模仿，这是否意味着模仿只是某些婴儿与生俱来的？"另一方面，如果幼儿只是在视觉兴趣被激发时才动一下舌头，那么个体差异可能只是幼儿对特定刺激的直接兴趣的差异。"（Jones，1996，1967）此外，这项研究还可以解释为什么大一点的婴儿对伸舌头的模仿会消失。随着年龄的增长，儿童的运动控制能力会增强，因此手通常会成为他们探索世界的首选方式。

对于琼斯关于新生儿模仿是一种探索的假设，捷尔吉·格尔格利（György Gergely，2004）从理论上提出了一个更稳健的版本，认为目标导向行为并不一定证明有任何先天的心灵状态构成自我觉察（31）。他写道，合理的进化功能更有可能导致早期的情感和模仿行为。格尔格利的情感镜像"社会生物反馈模型"（social biofeedback model）认为，婴儿会将各种不同的面部姿态记录为不同于静止面部的姿态。由于父母经常夸张地模仿婴儿自己的面部表情，婴儿开始将父母生动的表情与自己原本无意识的内在感觉联系起来。格尔格利写道："对于幼儿将相应的主体性

86

的意向和感觉状态归因于他人心灵的观点,也没有令人信服的证据。"(32)婴儿的行为主要是为了减轻自己的压力,或为了表现出兴趣。

与格尔格利的社会生物反馈模型类似,维多利亚·麦克吉尔(Victoria McGeer,2001)认为我们在婴儿身上看到的是一种**自我调节**。首要的是,我们对世界的反应是受感官组织的驱动,而不是受关于自我和他人等价性的认识论猜想的驱动。当麦克吉尔将正常发育与自闭症儿童的发育进行对比时,她的理论尤为有趣。自闭症儿童可能在模仿能力方面表现良好,甚至超过平均水平。然而,他们在控制和整合自己的一些身体动作方面却表现出明显的缺陷——自闭症儿童常见的拍手和撞头就是证明。因此,自闭症儿童可能无法实现一种习惯性自我调节,即从无意识的内在驱动的情绪和行动到有意识的内部状态的觉察的调节。首先,一个人需要对内在情感进行自我调节,然后才能在自我和他人之间取得平衡。她写道:"这确实表明,婴儿天生的模仿他人的倾向可能是由专门服务于自我调节目标的机制驱动的,也可能是由专门服务于理解自我和他人知识论目标的机制驱动的。"(128)麦克吉尔补充了格尔格利的研究成果,认为模仿可能是婴儿希望减少自身内部不适感的产物。自闭症患者缺乏这种自我调节能力,因此无法形成适当的行为习惯,包括那些能够理解他人心灵的高功能自闭症患者。

我们还可以问,新生儿的模仿是否与稍大一点的婴儿的明显模仿是同一种行为。除了安斯菲尔德和琼斯对新生儿模仿行

## 第四章 当代心理学和现象学研究

为的直接质疑外,许多研究还指出,说新生儿的行为是一种"模仿"是有问题的。奥尔加·玛拉托斯(Olga Maratos,1998)讨论了新生儿模仿与后期(9个月大)模仿之间的明显差异。玛拉托斯提出了这样一个问题:"新生儿期和早期(出生至6个月大)对某些模型的模仿尝试,是否与后期(从1岁末开始)的模仿是同一现象,受同一机制支配。"(146)玛拉托斯注意到,新生儿在长时间停顿后会进行模仿,并继续做出一系列其他动作,他问道,这种反应是否真的是模仿?例如,在伸出舌头和张开嘴巴的情况下,婴儿会产生一种相当混合的行为:"一旦婴儿开始伸舌头(伸舌头的时间会有变化)或张开嘴巴,他往往会多次重复这个动作。"(149)然而,在9到10个月大时,婴儿的表现就完全不同了:"婴儿的反应只有一次,而且与模型的吻合度更高——舌头明显前伸,在嘴唇之间清晰可见,张大嘴巴或摇头动作控制得很好,甚至能正确再现模型的节奏感。这些反应都不会像低龄婴儿那样伴有任何动作。"(149)此外,稍大一点的婴儿似乎意识到自己在进行一种交流或模仿,而年幼的婴儿却没有承认的迹象。大婴儿会自发地模仿新动作,而新生儿只能笨拙地、断断续续地模仿一些面部姿态。

玛拉托斯的结论是,我们有充分的理由同意存在着一种对人脸的天生的倾向,但不同意早期模仿表明存在任何类型的身体先天表征。为了使心智理论行之有效,一个人不仅要在他人的心智理论中表征他人,还必须有表征自己的方法。要有关于某事物的理论,最基本的要求是对该事物有某种可行的定义。要做到这一点，你必须能够在头脑中参照它；你必须表征它。玛拉托斯认为，假设婴儿具有自我表征的能力"并不一定是一个先决条件，而且早期模仿的数据或这些早期模仿反应的发展过程也肯定不支持这一假设"（1998，157）。

因此，尚不清楚婴儿早期模仿是否能证明婴儿具有提供形成自我和他人信念所需的表征的原始能力。生态理论家们也认为自我感和他人感是最重要的。乔治·巴特沃斯（George Butterworth，2000）认为，"新生儿模仿只是发展中的人际关系系统的第一个层次，它可能在重要方面有助于获得自我认识，新生儿模仿可被视为人际自我（inter-personal self）的直接、原始意识的证据"（27）。现象学通常从生态学的角度出发，鼓励把重点放在理解我们所观察到的婴儿行为的具身性，并尽量避免将婴儿过度理智化（overintellectualizing）。肖恩·加拉格尔（Shaun Gallagher，2005）的互动理论和贝亚塔·斯塔沃斯卡（Beata Stawarska，2009）的对话相关性理论提醒我们注意，原初的主体间性并不是指婴儿对他人日益增长的一系列信念，而是指婴儿与他人之间的活生生的经验。这两种当代研究方法都很好地继承了梅洛－庞蒂儿童心理学的精神（如果不是执行的话）。

**互动理论与对话相关性**

现象学的跨学科研究也发现，新生儿模仿研究对某些现象学主张和对传统现象学的批判都很有帮助。弗朗西斯科·瓦雷拉

（Francisco Varela，1996）、加拉格尔（Gallagher，2005）和斯塔沃斯卡（Stawarska，2009）都是现象学综合方法的捍卫者。现象学所要求的第一人称视角与科学中占主导地位的第三人称方法似乎为我们提供了两种截然不同的方法论，以至于我们很难知道它们之间如何才能产生有意义的交集。然而，梅洛－庞蒂本人的研究精神表明，观察研究没有理由不成为现象学探寻活生生的经验本质的一部分。另一方面，观察研究需要理论来解释其结果。虽然极端的研究方法可能会认为，只有第三人称的"事实"才能被视为与科学相关的数据（Dennett，1991），但这种方法会丢失活生生的经验。现象学为社会科学，特别是有关人类发展的讨论提供了一套独特的理论工具。

加拉格尔和梅尔佐夫在1996年的文章中认为，当代心理学研究得出的数据并不支持最初的混沌社交性的存在，因此梅洛－庞蒂对婴儿经验的理解是有缺陷的。他们的结论是，我们有充分的理由认为，主体性的后期发展并不是与去主体性的阶段彻底决裂。梅洛－庞蒂的理论认为，成年经验总是部分地由婴儿期的混沌状态构成，加拉格尔和梅尔佐夫则认为，婴儿经验的构成从来都不是完全缺乏自我的。镜像阶段历来被视为无我阶段与理解自我和他人阶段的鲜明对比。然而，也许新生儿的模仿表明，一种"识别"（recognition）他人的能力在生命的最初几个小时就已经存在了：

> 然而，对新生儿模仿的研究不仅表明，对动作（行为、

> 手势）的模仿从一开始就是可能的，而且使这种模仿成为可能的超模态系统是与生俱来的；这些研究还表明，最初的**无差别**（indifferentiation）从来都不是完全的。最初的纯视觉自我概念可能与后来的镜像阶段或后来的模仿形式有关……然而，镜子中的自我识别只是一种测量方法，是更全面的自我概念的一个方面。(13)

加拉格尔和梅尔佐夫得出结论说，从新生儿在新生儿模仿中表现出自我感这一事实来看，没有必要谈论前交流或混沌社交性。同样，也没有必要认为随着主体性的出现，会出现明显的"断裂"。"新生儿模仿他人的能力以及纠正自己动作的能力（这意味着认识到自己的姿势与他人的姿势之间的差异）表明，自我与非自我之间存在着初步的区分。"(13)

加拉格尔在其2005年出版的《身体如何塑造心灵》（*How the Body Shapes the Mind*）一书中，对早期主体间性提出了更全面、更少受心智理论影响的论述。他仍然赞同一般的先天论倾向，认为我们成人主体间性的根源是在婴儿早期发现的。加拉格尔同意他早年对梅洛－庞蒂早期经验的朴素评价，也同意心智理论的观点，即婴儿确实具有原初的主体间性。然而，他反对心智理论解释中的心智主义和表征要求，因为模式间的经验并不依赖于一种内在的复制（226）。戈普尼克和梅尔佐夫（Gopnik and Meltzoff, 1997）认为婴儿有一种认知理论，即他们对自己的行为有一种内在表征，加拉格尔认为这种观点与我们同自己身体的关系，以及我们与他人关系本质的和更严肃的研究相矛盾。

加拉格尔（2005）写道，心智理论方法有一种他称之为的"心智主义假设"，其中"主体间性问题正是他人**心灵**的问题。也就是说，问题在于解释我们如何能够进入他人的心灵"（209）。加拉格尔指出，要想通过认知他人的心灵状态来定义我们的主体间生活，还需要通过认知我自己的心灵状态来定义我自己的主体性体验。为了将我的心灵状态与他人的心灵状态进行比较或对比，无论是通过对信念的分析还是模拟，我都必须通过一个强烈的心智主义框架来与**我自己**建立联系。

加拉格尔指出，婴儿正在感知并引导自己的行为朝着目标前进。他们不仅与他人的面容互动，还与他人的整个身体主动的具身生命互动。这不仅包括他人面向婴儿的方式，还包括他人面向世界的方式。"实际上，这种基于感知的理解是一种'读身'（body-reading），而不是读心（mind-reading）。一个人在看到对方的行动和表情动作时，已经看到了它们的意义；无须推论出一套隐藏的心灵状态（信念、欲望等）。"（227）加拉格尔的互动理论是实用主义的，因为他强调我们与世界、他人和自己互动的主要方式不是理论性的，也不是基于心灵判断的，而是实践性的，是与我们的直接环境相联系的。他的评价与梅洛-庞蒂对模仿的讨论极为相似。当婴儿模仿成人的面部动作时，并不是因为她已经明白"我也有一张可以张开和闭合的嘴巴，就像这个窥视我的婴儿床的人一样"。相反，她是在回应"一种主体间的意义"：

> 如果我用牙齿夹住一个 15 个月大的婴儿的一根手指假装咬，他就会张开嘴巴。然而，他几乎没有在镜子里看过自己的脸，他的牙齿也和我的不一样。事实上，他从内部感觉到的自己的嘴巴和牙齿，对他来说直接就成了可以咬人的工具，而婴儿从外面看到的我的下巴，对他来说直接就能产生同样的意图。对他来说，"咬"直接具有主体间意义。他在自己的身体中感知自己的意图，我的身体也在他的身体中感知我的意图，从而在他自己的身体中感知我的意图。(*PP* 352)

加拉格尔进一步阐述了婴儿早期经验的身体本质，他指出，对神经学和其他实验数据进行更全面的研究，需要一种更能理解婴儿的一般身体图式的理论，而不仅仅是其模仿表情的能力。加拉格尔通过对谬误信念测试的心智理论解释的批判、对成人主体间性的现象学研究以及对自闭症儿童与正常儿童之间差异的研究，为自己的理论进行了辩护。

谬误信念测试是为了确定儿童是否能够理解他人视角而设计的实验。这些测试有许多不同的排列组合。其中一个案例是给儿童看一个盒子，看起来像一盒可以识别的糖果。儿童在兴奋过后，看到或发现盒子里装的不是糖果，而是一个大不相同的东西——订书机。另一个人萨莉进入房间，儿童被问道："萨莉认为盒子里装的是什么？"幼儿通常会说"订书机"，因此会被认为"未能通过"谬误信念测试，因为他们说的似乎是他们知道的东西，而不是莎莉显然会认为的盒子里的东西——糖果。

加拉格尔指出，如果我们考虑谬误信念实验测试的是什么，我们就必须记住实验发生的大环境（2005，218）。许多"未能通过"测试的儿童在理解实验者的愿望方面没有问题。他们在被问到时会回答，而且似乎明白实验者想要什么。因此，我们看到了他们理解他人视角的能力。"未能通过"也许更能说明测试的人为情况，而不是幼儿确实缺乏主体间觉察。也许儿童更想取悦实验者，而不是理解测试的意义。因此，我们很难知道问题在多大程度上出在第三人视角的疏离上，而这正是通过谬误信念测试的必要条件。但这并不影响通过谬误信念测验显然为我们提供了不同年龄或能力的儿童之间发生变化的新证据这一事实。毕竟，我必须十分慎重地设身处地为他人着想，才能理解对方会认为那是糖果，而不是我所知道的订书机。我既要理解对方的观点，也要理解我所认为的"这是一个订书机"是一种信念。

为了使关于早期主体间性的心智理论解释行之有效，我们必须看到婴儿甚至是新生儿具有某种早熟的能力，能够在表征系统中对自我和他人进行权衡。在谬误信念测试中，这一过程是明确和有意识的。虽然对于成人来说，这可能只需要几分之一秒的时间，但我们可以理解，我必须对自己提出这样的问题："如果我刚刚看到这盒糖果，会是什么感觉？"但是，婴儿却没有这种能力有意识地反思自己的思维过程，对思维进行思维。加拉格尔对谬误信念测验的某些解释的批判在于，他们需要解释为什么心智理论持有者们会认为这种过程既是无意识的、原始的，也是有意识的、明确的。"谬误信念测验的科学并没有为心智理论过程是内隐的或次个人的这一说法提供任何证据。"（2005，219）加拉格尔认为，心智理论是一种无意识的，也许是与生俱来的表征性理智系统，是我们与他人互动的主要手段。毕竟，在谬误信念**测试**中，受测者是以一种非常**外显的**（explicit）方式将自己置于"他人的位置"。儿童需要花一点时间才能意识到，大多数人会认为糖果盒里装的是糖果，而不是订书机，因为订书机通常不会出现在糖果盒里。从心智理论的角度来看，要使原初主体间性有意义，就必须预先存在某种内隐（implicit）理论。心智理论需要证明的是，这种在人为情境中考虑他人立场的外显能力，也许确实是有意识地对他人进行"理论化"的能力，证明了我们与他人的其他多方面互动体验同样是理论化的。

这并不是要质疑为检验谬误信念而设计的实验的严谨性。韦尔曼等人（Wellman et al., 2001）对谬误信念的研究结果进行了元分析，得出的结论是，这些令人印象深刻的研究结果为谬误信念提供了"大体上稳健、有序和一致的"辩护，认为谬误信念标志着儿童在 3 至 5 岁左右对事物的理解发生了重大转变（678）。相反，我们要批判的是对它们的解释。在对心理学经验研究进行现象学考察时，重点往往不是研究本身，而是研究分析背后的明示和隐含理论。有更多的经验研究支持加拉格尔拒绝接受谬误信念测试，认为它表明儿童已经达到了心灵理论的"里程碑"。对谬误信念任务相关性的批评认为，儿童（包括一些患有自闭症的儿童）在这个年龄之前确实已经理解了对方的立场，但这些发现是过于困难的任务造成的。另一种批评意见认为，谬误信念测试是西方教育和儿童养育方式的结果（Lillard and Flavell，1992）。克里斯蒂娜·大西和蕾妮·白拉尔金（Kristine Onishi and Renee Baillargeon，2005）发现了即使是婴儿也会出现一些错误信念的证据：婴儿看到一名妇女把一个玩具西瓜放在一个盒子里。当西瓜被（偷偷地）移到另一个盒子里，而不是妇女放置西瓜的那个盒子里时，婴儿会停顿更长时间，看着妇女把手伸进她"期望"西瓜所在的盒子里。这些研究让马丁·多尔蒂（Martin J. Doherty，2009）得出结论："很明显，儿童在明确的谬误信念任务上取得成功是有先决条件的，而且先于此相当长的一段时间。"（31）但问题依然存在——这种先决条件是什么？是早期心智理论吗？

加拉格尔认为，心智理论的心智主义假设的重点在于儿童对他人心灵状态的理解。为了让儿童理解他人，她必须能够表征自己。但是，即使儿童与他人进行了有意义的模仿动作，他们也无法成功地在视觉表征中识别自己。其他针对年龄较大儿童的实验似乎也支持儿童难以形成自我表征的观点。如果儿童已经有能力在心智理论中表征自己和他人，这就令人惊讶了。一旦儿童具备了社会生活的基础和较好的运动控制能力，他们就会发现自己有很强的能力在镜子中辨认自己，并将自己的行为与他人的行为区分开来。镜中的自我应该很容易与理论中的自我表征相匹配，而至此，儿童已经拥有了数年的自我表征。丹尼尔·波维内利等人（Daniel Povinelli et al., 1996）抓住了这一问题的核心，他们发现，虽然两三岁的幼儿很有能力在镜子中辨认出自己，但他们却无法对延迟的自我图像做出有意义的反应，即使延迟的时间只有几分钟。作者写道："我们要问的是，幼儿在几岁时开始认为自我具有明确的时间维度？"（Povinelli et al. 1996，1541）三四岁的年龄稍长的幼儿已经能够进行时间上的自我认同。

在这一系列实验中，波维内利等人发现，在35—58个月大的儿童之间出现了令人惊讶的极端转折。他们将"胭脂测试"[1]扩展到时间维度，试图确定儿童何时能在刚拍下的照片或几分钟前录制的视频的提示下，正确地取下贴在头上的贴纸（贴纸是在儿童不知情的情况下贴上去的）。实验人员会为儿童解说，提醒他们即将拍摄照片或正在录像。在40个月以下的儿童中，只有13%的儿童能在几分钟前拍摄的照片中正确指认自己；但其中85%的儿童能在镜子中正确指认自己。在53—58个月之间，93%的儿童能在照片中正确指认自己，100%的儿童能在镜子中正确指认自己。（另一个有趣的发现是，年龄较小的儿童不太可能说"我"，从而占有自己的镜像或照片；相反，他们往往会从第三人称的角度回答自己的名字。）从这里我们可以看出，镜子的实时生活情境是很重要的，而照片和录像中的例子并没有再现这一点。如果类似于互动理论的观点是正确的，那么早期的自我认同将是情境性的，而不是表征性的。但是，如果心智理论的观

---

[1] 即镜像测试，旨在确定动物是否拥有视觉自我识别能力，是尝试测量生理和认知自我意识的传统方法。——译者注

点是正确的，而且年幼的儿童已经具备了某种能力，能够对自己的能力进行内在的、无意识的表征，那么就很难解释镜子中的自我认同与照片或录像中的自我认同之间的不一致了。

在录像实例的现场反馈中，年龄较小的儿童更不可能把贴纸从额头上取下来，即使他们观看的是不久前拍摄的录像。该研究的作者推测，自传式的记忆能力与长期辨认自己形象的能力之间存在密切关系："小于 3 岁半至 4 岁的儿童可能不会像对待实时图像那样对待自己的延迟图像，因为虽然他们可能会回忆起所描述的事件，但这些事件并没有被编码为自传式的记忆，因此他们不明白这些事件发生在他们自己身上。"（Povinelli et al. 1996, 1552）小于 3 岁半的儿童能够回忆起事件，但不会将"我性"（me-ness）的特质归因于这些事件。如果我们实际上从出生起就一直在处理我们自己和他人的表征，那么这样的结果就显得很奇怪了。

艾莉森·戈普尼克和弗吉尼亚·斯劳特（Alison Gopnik and Virginia Slaughter，1991）在《儿童发展》（*Child Development*）杂志的另一篇文章中深入探讨了 3 岁和 4 岁儿童在自我意识方面的极端差异。与波维内利等人的研究一样，戈普尼克和斯劳特发现，儿童在维系关于自我和世界的信念的表征系统方面也存在很大程度的差异。3 岁儿童在对意外变化进行处理后，基本上不会确认他们之前刚刚被新发生的事情吓了一跳。这表明，3 岁儿童对自己心灵状态的控制非常贫乏，因此，他们是否拥有身体图像和自我表征能力似乎值得怀疑："了解自己过去的心灵状态并不比了解他人的心灵状态容易。信念、欲望和意图似乎很难理解，即使它们是你自己的信念、欲望和意图。"(109)他们继续指出，幼儿显然没有检查自己过去的心灵状态，从而对当前的情况做出适当的反应。如果一个3岁的儿童不能调用表征系统来准确回忆几分钟前发生的事情，那么假设一个婴儿有能力向自己表征一个动作，然后通过原始的身体图像来重复这个动作，是不是为时过早呢？

新生儿模仿本质上是一种主体间的交流，这一观点也可以通过考虑以后的主体间行为来研究。阿森多普夫（Asendorpf, 2002）写道，另一种后来的模仿形式——"同步模仿"是与从镜子中认识自己的能力同时发展起来的。同步模仿是指两个儿童以相似（尽管可能不完全相同）的方式玩玩具。根据阿森多普夫的观点，同步模仿的重要性在于，它是二阶表征是否发生的基准：

> 因此，指导我们工作的主要假设是，镜像自我识别和同步模仿在婴儿出生后第2年密切同步发展，因为它们需要相同的关键认知能力：二阶表征能力。由于镜像自我识别通常被解释为自我意识能力的指标，我们引入了与之平行的"他者觉察"（other-awareness）一词，以表示自发地从他人角度看问题的能力。(Asendorpf, 2002, 67)

阿森多普夫的研究支持了他的论点："**持续的**同步模仿（同步模仿超过十秒钟）与镜面胭脂测试的结果密切相关。"（69，强调为原文所加）因此，持续的镜中自我识别能力和与同伴进行有意义互动的能力密切相关。这种能力是自我觉察的核心。如果新生儿模仿是自我觉察和他人觉察的原始范例，那么我们会发现这种情况的出现要比我们想象的晚得多。阿森多普夫还对通过视频反馈"认出"婴儿自己的脸来证明婴儿自我觉察的早期研究持怀疑态度；然而，"认出自己的脸是熟悉的并不一定意味着具有自我觉察。婴儿在能够将这些记忆与自我概念（自我觉察的关键认知能力）联系起来之前，可能早已形成了关于面容（包括自己的镜像）的记忆痕迹"（Asendorpf 2002，70）。

在通过谬误信念测试之前，婴幼儿是能够进行有意义的人际交往并具有模仿能力的。但他们似乎还不具备自我表征的能力。随着时间的推移，他们还没有达到以假设的第三人称立场来表征自己的能力。那么，我们为什么要说新生儿的模仿是基于初步的心智理论呢？如上所述，即使儿童能够以自由和可塑的方式进行模仿，他们也很难理解自己的照片和视频图像。如果婴儿已经具备了这种技能，那么处理自己的表征似乎就很容易了。

在考虑我们成年后如何与他人相处时，我们也会发现心智理论并不一定主导着我们的行为。为了给一个出人意料的事件提供一个理论，比如，我丈夫在另一个房间里乱喊乱叫，我必须已经有了一个结构，在这个结构中，我把某些事情理解为相关的信息。例如，他在喊什么是与该事件相关的，但与太阳从窗外照进来或他穿着牛仔裤并不相关。我们在自闭症患者身上发现的是，他们并不像我们一样能够组织相关或不相关的数据和关联。这似乎不是表征的问题，甚至也不是心智理论的问题，而是感觉和知觉的组织与集中的问题（Gallagher，2005，253）。

虽然最初的心智理论观点似乎在许多自闭症儿童无法或延迟通过谬误信念测试这一事实中得到了证实，但最近的研究发现，许多自闭症儿童可以通过这些测试（Happé，1995）。此外，正如加拉格尔所指出的，心智理论的说法并不能解释自闭症患者的各种症状。加拉格尔认为，如果我们采用一种更注重现象学的方法，强调具身性差异，如明显的感官知觉差异，我们就会发现自闭症告诉我们的不是正常的成人主体间性需要心智理论，而是需要对感觉材料进行连贯的组织（2005，232-233）。因此，互动理论中主体间性的前理论框架，是组织各种人际和环境经验的中心一致性，而不仅仅是我们在一些主体间互动中看到的二阶表征。

同样值得注意的是，在一些自闭症或阿斯伯格症患者的叙述中（格兰丁和斯卡里亚诺 [Grandin and Scariano，1986]），一个共同的主题是强调感觉材料的强烈和经常令人不安的性质：太响或太亮的房间，突然的动作，某些颜色、形状或纹理，这些可能是令人愉悦的，也可能是完全无法忍受的。虽然许多人都有社交孤立或难以融入更大的社会世界的问题，但在每个人都患有自闭症的疗养院里，他们的叙述却让人眼前一亮，因为他们并不觉得社交是个问题。事实上，问题似乎更多的是如何适应社会互动规范。因此，我们可以看到，在处理感觉材料方面的差异与截然不同的主体间关系风格之间存在着清晰的关联。

## 第四章 当代心理学和现象学研究

加拉格尔指出，心智理论所要求的是我们有意识或无意识地对他人的行为做出解释和预测（2005，213）。例如，如果我丈夫在另一个房间喊"哦，不！"我会预测他会来告诉我他在喊什么。我也可能会对他的奇怪行为做出解释。但是，我与他的日常互动并没有受到持续的评价和预测模式的影响。加拉格尔将我们与他人的日常互动描述为"实用性的和评价性的"，只有当这种习惯性互动模式被打破时，我们才会采用预测和解释的方式(213)。当我们做晚饭时，我丈夫伸手去拿碗筷，我不需要预测或解释他在做什么。恰恰相反，是这个处境（this situation），而不是我的理论，为他的行为和我的反应提供了场景（setting）。也许正如心智理论所坚持的那样，当他从橱柜里拿出碗碟时，我会无意识地对人、欲望和信念进行一系列相当详细的分析，但如果存在一种更简洁的方法，心智理论似乎很难让人接受。

这项研究与加拉格尔对谬误信念测试的批评不谋而合，他指出，如果连幼儿似乎都很难表征自己，那么就很难相信**新生儿的模仿**可以证明心智理论具有自我表征的能力。看来，任何一种稳定的身体图像都要求一个人能够在短时间内持续"知道"自己的身体，并将其视为可以表征的东西。进行有意义的交流和在镜子里与自己的形象玩耍的能力，与已提出的原始身体图像的概念十分吻合。那么，为什么这个年龄的儿童在几分钟后就不能认出自己呢？他们并未显示出具备自我表征的能力，因此似乎不支持心智理论的说法。

从儿童发展的更广阔视角来看，心智理论方法面临着一些挑战。心智理论的解释认为，如果不假设儿童有理论化或模拟他人的能力，就无法解释自我觉察和他人觉察的起源和发展。但是，在这些不同方面的发展背后，不仅是自我觉察和他人觉察的发展，还有身体运动、操作物体、同步模仿、镜像识别、通过谬误信念测试以及在延迟反馈中识别自己等方面的发展。加拉格尔认为，我们可以在不把心智理论作为发展的必要背景的情况下解释主体间性的起源，而不是要求在婴儿中必须存在一个复杂的、隐蔽的心理装置（2005，224）。我们当代的研究揭示了婴儿的机灵（这在二十世纪中叶还未得到承认），但这并不一定证明了婴儿的心灵能力，而是证明了婴儿对环境和他人的**具身化的接受能力**（embodied receptivity）。

加拉格尔承认，心智理论是对谬误信念测试的一种可能解释，但他指出，从广义上讲，互动理论更符合我们理解主体间性的一系列数据（data）。例如，当我们研究自闭症时，问题不仅仅是理智上如何把握他人的视角，而是一系列的身体敏感性和理智特殊性——对某些物体或物体的某些部分的痴迷兴趣，对光和声音的极度敏感，重复或奇怪的动作。加拉格尔指出，即使是作为主体间性理论的互动理论，也需要解决与世界其余部分的互动发展和与其他人的互动发展之间的联系：

> 自闭症的这些非社会症状显示了心智理论解释的局限性，同时也显示了互动理论或任何只关注社会方面的理论在解释自闭症所有症状方面的局限性。我们需要正视这一

## 第四章 当代心理学和现象学研究

事实，对自闭症的社会症状进行解释，但这一解释不能与对非社会症状的更全面的解释相矛盾。(2005，231)

在对获得社会交往能力的能说话的、高功能的自闭症患者的研究中，一个有趣的因素是，他们笨拙和呆板的互动是多么具有理论性。例如，加拉格尔引用了著名作家和研究者坦普尔·葛兰汀（Temple Grandin，1986）的例子，她学会了处理一系列规则和行为规范，以接近正常的互动（2005，235-236）。她的案例让我们注意到，准确的理论化也许并不是正常人类互动的标志。在我们与他人建立自然联系的过程中，有一些更基本、知识性更弱的东西在起作用。无法理论化似乎并不是与他人互动的怪异之处，就像它并不是与身体环境的其他部分互动的怪异之处一样。

互动理论提醒我们注意，研究表明，模仿他人的面部动作、追踪他人的目光、对他人的姿势做出反应以及试图唤起他人的反应，这些能力在婴儿身上并不一定是理论性的，在成人身上也不一定是理论性的。的确，有时我确实需要"读心术"来理解对方的行为，比如当对方做出一些不寻常的举动时。但大多数时候，我都是在与对方进行共同的讨论、体验、投入和活动的循环往复中，我并没有把对方的心灵状态理论化。因此，互动理论强调，首要的不是理论化，而是可能是独一无二的人类主体间面对面的互动（Gallagher 2005，230）。心智理论将自我觉察和他人觉察的心理运作放在首位，而互动理论则不同，它强调实际的具身实践。

99

加拉格尔的互动理论提供了一种比心智理论更加梅洛－庞蒂式的参与当代研究的方法，它避免了梅洛－庞蒂本来就不喜欢的皮亚杰的心智主义（mentalistic）语言，也避免了将理智发展作为一切发展标志的过分强调。虽然正如加拉格尔所指出的，梅洛－庞蒂确实没有承认首要的主体间性，而是仍然坚持二元论的模式，但我认为，鉴于梅洛－庞蒂对考察和讨论当代研究的兴趣，他应该会修改自己的研究方法。

另一种从现象学视角探讨儿童发展和儿童心理学研究的说法是贝亚塔·斯塔沃斯卡（Beata Stawarska）的"对话现象学"。在她出版于 2009 年的著作《你我之间：对话现象学》（*Between You and I: Dialogical Phenomenology*）一书中，斯塔沃斯卡提出了另一种理解自我觉察和他人觉察的成长的可能模式。她批判了许多试图解释主体间性的儿童心理学中固有的心智主义预设，但她比加拉格尔更进一步，不仅为儿童心理学的经验研究，也为一般现象学提供了另一种现象学框架。

斯塔沃斯卡认为，现象学过于专注于一个先验自我，而这个自我是孤独地存在的，无法通过日常的言语与其他自我（other egos）直接接触，这就深深地限制了现象学的发展。虽然我们可以像丹·扎哈维（Dan Zahavi, 1999）那样论证先验主体性就是主体间性，但这并不是一种自然的、交流的主体间互动，就像我们在人类基本的日常对话中发现的那样。扎哈维的贡献在于，当我们充分研究世界的构建时，我们会发现其中的主体间性。世界不仅仅是被给予一个唯我论式的主体，主体对世界的经验本身就

## 第四章 当代心理学和现象学研究

要求其他人也能感知世界。这种主体间性的首要性并不是真实的人与人之间的互动（如语言交流中的互动），而是主体性本身的先验结构。因此，虽然我在一生中当然会遇到其他人，事实上，如果没有成年人的照顾，我根本不可能度过婴儿期和童年期，但扎哈维所指的并不是这种主体间的互动，而是实际上暗示所有可能的经验都是由其他自我所构建的，与一个人出生后的实存生活无关。

斯塔沃斯卡认为，虽然这些举措确实将主体间性作为现象学分析的主要内容，但并没有提供一种途径来考虑面对面的自然语言互动的相关性。在讨论中，斯塔沃斯卡强调了对跨学科工作感兴趣的理论家们在面对现象学时所面临的问题。母亲与婴儿的互动、儿童的社会环境、语言的发展等"自然"事件与先验现象学相关吗？显然，我的父母如何对待我与我是谁非常相关，但它与我作为主体如何在结构上经验世界相关吗？后者似乎是关于经验任何事物的可能性条件的讨论，而前者则是建立在这种结构之上的颜色、形状和质地。因此，所有有思想的人都有某些相似之处，当然，他们的生活经历会改变他们对生活世界的评价和解释。

斯塔沃斯卡认为，除非我们纳入对面对面互动的讨论，而这种互动确实是主体以不同方式体验到的，因此需要进行存在论分析，否则我们就无法真正将自我从孤独中解放出来。面对面的互动如何产生于与自然经验相隔离的主体间性，这一点变得难以解释。更为关键的是，斯塔沃斯卡指出，扎哈维所说的那种主体间性是其他同一的诸主体的集合（collection of other identical subjects），他们都在窥视同一个世界。但在言语中，我并不是指向另一个注视着世界的主体，而是指向一个"你"，一个与我面对面交谈的人。在斯塔沃斯卡看来，对话现象学探讨了"我－你"关系在我们经验中的首要地位。对话现象学克服了传统的偏见，既不赞成孤立的先验主体性，也不赞成被视为诸自我之共同体（community of egos）的先验主体间性。它主张把面对面的关系共同体作为主体间性（和主体性）的基础。对话现象学超越了传统的胡塞尔现象学，与本书特别相关的是它对早期儿童与他人关系研究的关注（Stawarska 2009，89-134）。

斯塔沃斯卡承认，"对话现象学可能不像先验现象学那样清晰地划分事实主张与必然主张之间的界限"（2009，39）。她广泛引用了加拉格尔对幼儿期经验的研究，并认为这些研究——如**"子宫内的存在和婴儿早期所受的照顾"**——不仅能揭示我们的具身化方式和与他人的联系，而且"既是事实，**也**是自我性和社交性的必要条件"（39，强调为原文所加）。斯塔沃斯卡认为："在现象学的具体叙事中不可能将这些线索分开，因为这些事实条件对于自我性（selfhood）和社交性（sociality）的出现至关重要。"（39）

斯塔沃斯卡在讨论婴儿和儿童心理测试时，对人称代词的正确习得，以及由此产生的第一人称－第二人称叙事交流能力是如何建立在前语言的交流能力的基础上很感兴趣。皮亚杰指出，研究表明，儿童过度以自我为中心，他们无法理解世界存在多重视角。正如梅洛－庞蒂所言，这种自我中心主义并不是自私的另一种说法，而是一种去二元论（adualism），即儿童不知道诸多视角的存在，而不是像自私者那样，知道诸多视角的存在，但仍然坚持自己的议题。斯塔沃斯卡引用了一系列研究表明，皮亚杰的儿童自我中心理论是错误的，因为即使是非常年幼的儿童也能区分自己和他人（2009, 92-108）。例如，她引用了格蕾丝·马丁（Grace Martin）和罗素·克拉克（Russell Clark）的研究（1982），在他们的研究中，对哭声的思考并不能揭示育婴所中缺乏自我与他人的区别，而是实际上揭示了自我与他人区别的存在。他们发现，婴儿听到自己的哭声比听到别人的哭声时哭得更少，这表明他们在某种程度上"认出"了自己的声音。

然而，这些研究并没有证明前语言交流在起作用，它们只是表明，在自己发出的声音和他人发出的声音之间存在着某种差异感。斯塔沃斯卡花了更多时间研究母婴交流的方式。她指出，母婴之间的交流是有规律可循的，双方都会有节奏地回应对方的呢喃、微笑和声音。因此，语言具有前语言基础，它在很大程度上是一种实践，就像成人说话一样，而不仅仅是一种理智能力或技能集合的习得：

> 因此，在以语言为基础的对话之前，一种非符号类型的对话或会话能力从人类生命的最初阶段就开始起作用了。此外，最早的非符号对话节奏中的某些元素，如凝视模式，在成人对话中仍然有效。因此，婴儿已经部分熟练掌握了属于成人对话剧目的交流领域。(2009, 103)

母婴对话支持了这样一种观点，即主体间性诞生的核心不是承认存在其他主体，而是与他人交流的活生生的经验。

菲利普·罗查特（Philippe Rochat，2001）等当代心理学家认为，观察成人与婴儿之间面对面关系的重要性表明了人类对面容的独特倾向以及这种互动对发展的重要性。梅洛-庞蒂不仅缺乏有关婴儿早期感知和互动的实验数据，而且在发展理论方面也缺乏充分的理论框架，从而无法形成一种不是以研究个体为基础的发展理念。他对广义的精神分析、现象学中更具存在性的解释，以及人类学和社会学的兴趣表明，他正在寻找一种能够替代以主体为中心的发展理论的方案。

梅洛-庞蒂在索邦讲座中对人类学和社会学的兴趣表明，他发现了文化主义社会学的巨大魅力，即研究整个社会和教养模式更能揭示我们的经历如何深刻地塑造了我们对世界的主体间经验和主体性经验。我认为，梅洛-庞蒂的语言围绕着婴幼儿的交际能力所形成的有些奇特的形式有可能表明，他正在寻找一种方法，而不是扩展皮亚杰的那种以自我为中心的去二元论，而是一种不以主观自我意识为基础的交流的、参与的主体间性。我认为他不会纠结于强调婴儿与成人之间的交流，而是会接受这样的研究。

因此，斯塔沃斯卡和加拉格尔的研究都表明了儿童心理学的经验研究与理解主体间性的相关性。他们还结合了儿童心理学的新研究，这些研究揭示了婴儿是如何意识到自己的身体与他人的身体既不同又相似的。他们令人信服地指出，这些研究并不要求我们采用理智主义的视角来解释早熟的主体间性，比如心智理

## 第四章　当代心理学和现象学研究

论中的观点。

对话现象学和互动理论是一种可行的方法，可以从现象学的角度扩展我们对主体间性的发展历史及其在成人或儿童中的形式的认识。它们还提供了跨学科理论化如何丰富实验研究和哲学解释的当代范例。我同意斯塔沃斯卡的观点，不应将"自然的"和"先验的"研究领域严格区分开来，因为就主体间性而言，如果不研究人类面对面的自然互动，就无法理解其形成或现实性。梅洛-庞蒂很可能会以类似的方式对待当代研究，我相信他的演讲之所以如此强烈地关注去二元论，并不仅仅是受到二十世纪中叶关于婴儿的知识状况的影响，而是在寻找一种承认人类交流和联系的语言，而不带有心灵的理智主义偏见。他并非没有意识到混沌社交性似乎包含着近乎神秘的主张，他在最后一次演讲《他人的经验》（"The Experience of Others"）中拒绝了"心灵感应"的互动理想（telepathic ideal of interaction）。在这篇演讲中，他指出，当我们与他人互动时，"我们似乎并不总是知道这种完型是什么，我们有可能假定他人具有某种神秘的直觉或某种心灵感应"（*CPP* 442）。他反对这种说法，他认为我们必须接受某种特殊的东西，甚至是我们可能称之为魔力的东西正在发生，但要避免将这种体验实体化为另一种对象（即某种心灵感应的力量）："我们必须拒绝通过心灵感应的方式来感知他人的观点，但在意识与身体的关系中怎么可能看不到某种有魔力的东西呢？为了消除这一矛盾，我们必须更清楚地说明作为一种真实力量的被召唤的魔力与在对表达的感知中被赋予的'魔力'之

间的区别。"(448)

梅洛-庞蒂正在寻求如何捕捉这种魔力,而不是采用一种经验之外的力量来解释它。我认为,互动理论和对话相关性为研究主体间性的发展提供了当代可能的方法,而不会偏向于蒙昧主义的力量或孤立的主体性发展。

加拉格尔和斯塔沃斯卡的工作与梅洛-庞蒂对我们在主体间性中的"定位"(orientation)的理解不谋而合。梅洛-庞蒂在批判纪尧姆对"模仿"理解的局限性时强调,我们与他人的关系并不是自我与他人的理智综合,事实上,将主体间性作为一个问题提出来的能力本身就建立在我们的经验基础之上,我们的经验永远是社交性的。早在《知觉现象学》中,梅洛-庞蒂就写道:"对他人和主体间世界的知觉,只有对成人来说才是有问题的。"(*PP* 355)对儿童来说,他人不是问题,而是他们前理论世界的连贯结构的一部分。只有在理论产生之后,人们才会发现他人是一个哲学难题。

梅洛-庞蒂指出了胡塞尔关于主体间性的思想中的两种倾向:一种倾向是想要脱离自我意识,脱离指向他人的我思。另一种倾向是从主体间性和"既非自我也非他人"的意识出发:

> 我的视点与他人视点之间的差异,只有在我们经验他人之后才会存在:这是一种结果。胡塞尔说,我们不能从一开始就提出这种区别,然后反对所有关于经验他人的想法。但是,胡塞尔的这番话似乎想要放弃一个人从自我

> 意识开始获得他人经验的观点。他似乎把我们带向了另一个方向。因此，他的著作有两种倾向。其一是试图从"我思"，从"自身领域"[sphère de appatenance]进入他人。另一种是拒绝这个问题，而是面向主体间性，也就是说，可以不提出原初的"我思"，而是从既非自我也非他人的意识出发。(*CPP* 29)

这种"既非自我也非他人"的意识是什么？它是一种原初的主体间性或对话相关性，必须先于孤立地指称自己或他人的能力。举例来说，为了让谬误信念测试有意义，人们必须已经准备好从根本上理解实验或互动。解决这个问题只需要把自己的立场视为可变的能力，是一种理智成就，但并不能证明主体间性的诞生。

正如加拉格尔所指出的，梅洛－庞蒂强调了在感官知觉中，身体差异是如何与主体间觉察联系在一起的，梅洛－庞蒂认为，识别他人和事物不应被理解为不同的过程。相反，对他人行为的识别和对事物的客体化是并行发生的。梅洛－庞蒂的互动理论鼓励人们不要把我们与世界和他人的关系看作是相互独立的问题，而应看作是相互关联的问题。梅洛－庞蒂认为，不是他人"指引"我们走向事物，也不是事物指引我们走向他人：

> 是"他人"[autrui]指引我们走向事物，而不是相反？是"他者"[l'autre]让我们能够真正客观地看待这个世界，而这个世界并非只为我而存在？实际上，这两条路线并不

> 是相互替代的：与他人的关系和与世界的关系是相互关联的，纪尧姆的尝试是徒劳的，因为他认为人们只能通过事物才能到达"他人"。（*CPP* 427）

梅洛-庞蒂坚持皮亚杰的论点，即模仿与自我意识有关，模仿是将他人和事物客体化的能力。然而，他并不同意早年模仿只能是完全具备自我意识的主体的结果。但仅此一点并不与原初的主体间性相矛盾，当代现象学家强调，自我意识的首要意义并不是建立在自我表征的基础上，而是建立在实际的活生生的交往中。

梅洛-庞蒂在引用纪尧姆（1971）关于模仿的论述时说："一个深刻而丰富的观点：我们不是首先意识到自己的身体，而是首先意识到事物。"（*CPP* 22）他继续指出，当儿童第一次模仿他人在世界中的**诸行动**时，他是以他人为中介来接触世界的。他支持加拉格尔的观点，即在模仿中存在一种中心一致性，或者用梅洛-庞蒂的话说，存在一种儿童与他人之间互动的结构化经验："这就是说，模仿的前提是对他人行为的理解，从我自己的角度来看，实现的不是一个沉思的主体，而是一个运动的主体：一个"**我能**（胡塞尔语）。"（*CPP* 24）因此，我们首先不是通过他人心灵的理论联系在一起，而是通过具身互动联系在一起。从这一解读来看，当代现象学对模仿的评估与梅洛-庞蒂的研究之间似乎并无根本冲突。

我认为仍然存在的问题是，我们是否应该把梅洛-庞蒂的分析融合到发展自我觉察和他人觉察的更大框架中，或者保留他所坚持的混沌社交性是某种独特的东西，因此不应该太快地被假定为正常成人觉察的先驱。斯塔沃斯卡和加拉格尔提出的观点强调了一种感觉，即我们误解了实验和经验研究如何为现象学提供信息并加强现象学的重要性，以及现象学如何为解释实验研究提供启发性。尽管梅洛－庞蒂对心理科学的进步一无所知，但他的演讲中被保留下来的价值在于，儿童经验不仅是成年经验的先驱，而且拥有自己的互动节奏和风格。

# 第五章　探索与学习

在试图理解儿童的主体间生活时，我们必须小心谨慎，不要过高估计童年时期的理智和表征能力，因为这凸显了儿童的不成熟，并将儿童还原为成人之前的状态。相反，我们必须以开放的心态对待童年时期的发展，并愿意发现在成年时期并不总能找到的、更为成熟意义上的参与形式和风格。我们已经在本书之前的部分中找到了有意义地讨论主体间性的方法，而不必假定它首先是一种心理操作。感知是另一个例子，说明我们必须小心谨慎，不要把成人感知的简化形式赋予儿童。梅洛－庞蒂指出，我们不应该假定儿童有一个统一的、永久性的视域，在这个视域中，事物是作为稳定的、不变的部分排列的。儿童是按照他们自己的逻辑来组织感知领域的：

> 一般来说，这并不是把事物的**绝对**永恒概念（如物理学家的自然概念，事实上，在成人的感知世界中根本找不到）归于儿童的问题。这只是一个承认儿童的**逻辑运算**已经建立了知觉组织的问题。儿童的知觉组织能够按照她自

己的逻辑运作。(*CPP* 149，强调为原文所加)

儿童自身逻辑的最佳展现不是在直接对儿童的询问中，因为儿童并不一定会形成关于其世界的抽象理论，而是观察儿童如何解释"神奇"现象。此外，我们还可以从儿童自己的创作（如绘画）中学到很多东西。在本章中，我们将研究两个例子——儿童对魔术的解读和儿童的艺术描绘。我们会发现，虽然儿童会做出儿童式的解释和创作，但他们会积极地投入到自己的经验中，而远没有通常想象的那样倾向于幻想性创作。这强调了一个论点，即我们的早期生活最好的标志是参与其中（engagement），而不是抽身而退（withdrawal）。

**神奇的思维与科学的思维**

由于儿童语言的局限性，心理学家会使用儿童创造的物品或与之互动的物品作为诊断工具，例如，一些涉及虐待的案件会调用儿童的绘画作为法医证据（卡茨和赫什科维茨 [Katz and Hershkowitz，2010]）。如果儿童受到虐待，她对施虐者的图画描绘可能表明她的精神状态不正常。与儿童对自己的描绘相比，对施虐者的图画描绘可能显得更具威胁性。事实上，许多流行的电视剧都有让受虐儿童画这样的图画的情节，这清楚地向观众表明发生过令人发指的事情。

这种观念会让人认为儿童绘画在很大程度上表达的是内心

## 儿童，天然的现象学家

状态：恐惧、快乐、无聊等，而不是对于外部世界的表征。因此，儿童画的是他们**感受**到的，而不是他们所**看**到的。对于无法解释的事件，如魔术表演，儿童会相信魔力和幻想。例如，当魔术师从帽子里拽出一只兔子来的时候，儿童会很容易接受，甚至更喜欢"神奇"的解释。而所谓"科学的"或"哲学的"理解就必须被提供给儿童。自然而然，儿童会倾向于一种内在的、感性的、迷信的世界观。因此，我们认为儿童并没有认真地接触他们周围的世界。

梅洛-庞蒂的讲座反驳了这一观点。与之相反，梅洛-庞蒂发现儿童对令人惊讶的、"神奇的"事件的理解，尽管与成人的理解不同，但都源于与世界的互动关系。梅洛-庞蒂认为，在考虑我们对世界的早期解释和表达时，我们需要找到一种中立的语言。否则，我们对科学和哲学概念的投入将导致我们误解儿童经验的独特性。

在梅洛-庞蒂看来，儿童是天然的现象学家。在成人的经验中，我们的文化和社会生活在我们对自我、他人和世界的感觉中根深蒂固，以至于我们深受某些形而上学假设的指导，而这些假设本身就是意识形态灌输的表现，而不是持续哲学思考的结果。其中一个假设是，经验是一种过滤器，而"实在的自我"（无论是心灵、灵魂还是大脑）通过它来探索"实在的世界"，即包括人的身体在内的经验对象的状态。虽然这个过滤器可能会因疾病（如幻觉）、糟糕的童年或法西斯文化的不当塑造而使经验被扭曲，但它被视为有别于主体反思的对象。因此，我们常常无法质疑自己对世界的解释，我们将可能出现的问题视为源于错误的科学——比如世界中客体的状态；或错误的心理学——比如心灵的本性。儿童既没有运用关于心灵的哲学区分来判断世界，也没有对科学世界观的先入之见。这两种理论方法都倾向于将经验视为有别于实在事物和实在主体的东西。对儿童来说，她的各种经验不是她所拥有的"关于实在"（about reality）的东西，而这些经验就**是**实在的（are real）。

对儿童经验的这种理解导致梅洛-庞蒂拒绝了皮亚杰提出的理论，即儿童在被要求解释世界时有一种自然的退缩倾向。皮亚杰（1999）写道，当儿童遇到无法解释的现象时，他们会被神奇的解释所吸引。梅洛-庞蒂尖锐地批评了假定儿童在与世界的关系中容易产生幻想的观点。他反对那种认为儿童很容易为自己的经验创造出神奇的、不真实的解释的理论。梅洛-庞蒂通过 I·黄（I. Huang, 1943）的研究观察到，如果不强迫儿童得出结论，他们会对魔术做出合理的解释。黄是皮亚杰的同时代人，经常批评皮亚杰的思想。与皮亚杰相反，黄并没有问儿童在几岁时能够做出"正确"的回答。梅洛-庞蒂写道："黄并不想表现出儿童思维与成人思维的分离。他的目标是积极的；他问的是在儿童的心灵中发生了什么。儿童的回答尽管天真，却可以是'理性的'。"（*CPP* 409-410）黄关注儿童所处的经济和社会环境，这使他了解"神奇的解释"是什么时候由阶级传统造成的。中产阶级和上层阶级的儿童由于接触童话和儿童故事的机会较多，更有可能提出奇幻的解释，而工人阶级的儿童则倾向于提供接地气的回答。相反，皮亚杰却没有考虑到儿童的社会经济状况。黄的分析法的一个好处是，他允许儿童在不提出引导性问题的情况下作出解释。他关注的是儿童的自然反应，而不是她语言上的不成熟：

> 黄的**目标**是建立一个描述性和规范性的模型，因为黄允许儿童说话，所以他的**方法**与皮亚杰的方法截然不同。他试图捕捉儿童内隐的世界观……抓住他们"处理事情"，而不是"处理想法"。黄将儿童置于"涉及具体和有形物体的真实事件（而不是由语言创造的情境）之前，这一事件能够唤起与儿童日常生活中类似的反应"。而另一方面，皮亚杰则是就儿童从未面对过的主题对儿童进行审问。皮亚杰审问的结果是，儿童对言语情境（verbal situation）做出反应。(*CPP* 410，强调为原文所加)

由于皮亚杰的访谈方法将儿童限制在特定的回答范围内，因此，儿童无法表达出科学的世界观也就不足为奇了。我们不得不对访谈情境本身提出质疑。我们所得到的结果是否可能是由于我们提出的访谈问题造成的？我们的问题是否被我们自己的先入之见所过度规定，从而限制甚至扭曲了儿童的自然反应？

在黄给孩子们表演的几个魔术中，成人要么知道解释这一惊人现象的科学理论，要么知道一定有一个合乎逻辑的解释。由于儿童不具备科学知识，也不了解变戏法的技巧，因此我们期待他们用魔法来解释这些把戏。在一次演示中，一位研究人员在手帕上缝了一根隐藏的牙签。研究人员把另一根牙签放在手帕上，让儿童折断牙签，然后迅速移动手，露出了之前藏起来的没有折断的牙签。当被要求解释他们看到的东西时，孩子们一开始会寻找合理的解释。"很少有儿童认为这可能是同一根牙签。他们认为牙签可能只是部分折断了（在这种情况下，一个孩子让他们重新做实验），或者发生了替换。他们**从来不会**自发地提出一个神奇的解释。"（*CPP* 118，强调为原文所加）儿童首先试图找到一种他们能够理解的解释，也就是他们所理解的世界的运作方式。只有在迫不得已的情况下，他们才会诉诸魔法。他们知道牙签不可能是"复原"（remade）的，因此，他们试图找到一种解释来证明他们所看到的是正确的。

在另一个演示中，孩子们看到了水的表面张力。将一根针尖朝下放在一杯水中，针会掉到杯底。取出同一根针，擦干后水平放在水面上，它就浮起来了。孩子们会给出不同的解释——针会浮起来是因为它很干，针眼里的空气会让它浮起来，等等——但他们不会借助想象力来解释他们所看到的一切。从这个角度看，童年自发理解世界的方式与成人处理异常现象的方式并无不同。梅洛-庞蒂写道，儿童寻找一种"自发的解释"，并试图"将未知还原为一个已知的概念，虽然**这种方式很天真，但绝不荒谬**"（*CPP* 189，强调为原文所加）。令人震惊的是，"在任何情况下，我们都看不出儿童的推理与成人的推理（即前逻辑或神秘理性的思维形式）有什么不同；就像成人一样，儿童也试图以'自然'的方式来解释现象"(*CPP* 189-190)。儿童对他们的经历做出了合理的解释，并尽力将令人惊讶的现象纳入他们已有的结构中。即使我们觉得他们的描述很幼稚，然而我们并没有发现他们缺乏对世界的参与，也没有发现他们想要返回一种内在的、没有充分根据的（superstitious）世界观。

皮亚杰认为，儿童是天然的形而上学家，这表明他们会迅速编造故事，以提供一种理智上的一致性，即使这些故事需要脱离与经验的联系。梅洛-庞蒂认为，儿童是天然的现象学家，他们与经验保持联系，不需要理论来解决。当我们考虑的是理想对象而非自然对象时，这种观点就会受到限制，但它不太可能在一致性的祭坛上牺牲经验。儿童探索世界而非分析世界。与成人不同，儿童不倾向于脱离语境来看待事物，也不倾向于脱离语境来看待自己。我可以想象自己此刻所处的位置之外的其他地方。我开车回家，我和朋友坐在门廊上。此外，我还可以稍加努力，想象自己过着完全不同的生活。比如，我可以猜想世纪之交在农场长大的自己会是什么样子。然而，要真正"抹去"我自己、我的背景、我的知识、我的情感和我的欲望，想象自己是处于完全不同环境中的另一个人，是很困难的。但是，把这样的故事讲给儿童听："想象一下，你出生在一个没有电的农场！"最多只能让儿童想象自己是在一个农舍里，但其他方面还是一样。儿童的现实具有一种稳固性，虽然不是一成不变的，但对于被灌输了某些哲学和科学解释的成年人来说，这种稳固性似乎是僵化的。

成人更有可能对现实做出脱离个人活生生的经验的解释。

理解外星人、鬼魂、巫师和神灵的故事对成年人来说轻而易举。即使我们不相信它们，我们也能很快理解它们在故事中扮演的角色。你可以把你家屋顶上那个令人吃惊的洞归咎于外星人，虽然我会怀疑外星人的存在，但我很快就能想象出你有什么样的世界观。儿童倾向于根据自己的亲身经历进行思考。因此，他们可能会接受别人提供的超自然故事，但很少会自己编造故事，除非他们已经被灌输了特定的世界观。梅洛-庞蒂认为，除非被逼无奈，他们通常不会提出超越生活世界的想法。

如果儿童天生就相信魔法，那么他们对魔法的极度喜悦和沮丧就会令人吃惊。他们为什么不把魔术师变出的神奇兔子或小鸟当作日常、正常世界的一部分呢？儿童天生就会对异常现象感到**惊讶**，他们不会急于用幻想来解释异常现象。只要观察一下刚刚被人从耳后"掏"出一枚硬币的儿童，你就会发现他们的眼睛瞪得大大的，一只手飞快地伸向耳后查看：这枚硬币是从哪里来的？它怎么会在那里？我之前没感觉到吗？是不是还有一枚硬币藏在那里？我们必须颠覆我们的传统观念。儿童之所以对魔法师和童话故事感兴趣，并不是因为他们容易回撤到魔法的世界观，而是他们与世界的连续性让这些故事如此离谱，从而引人入胜。事实上，儿童之所以对超自然的世界观不感兴趣，往往正是因为它们与他们的经验相去甚远。魔术具有真实的效果，令人着迷。创造出这些效果的巫师或女巫让人着迷，而形而上学学说却对儿童的生活没有明显影响，无法吸引儿童的想象力。复杂的宗教解释在一定程度上脱离现实，对儿童来说过于深奥。

尽管如此，儿童确实会重复并偶尔自发地用幻想故事来解释世界。梅洛－庞蒂使用亨利·瓦隆（Henri Wallon）的"超物"（ultra-things）概念来解释儿童为什么会采用这种猜想。瓦隆（1963）认为，儿童经验的某些方面是当下在场的和活生生的，但不是儿童可以轻易掌握的对象或观念。换句话说，这些经验元素不是编造出来的，比如巫师，也不容易被对象化。它们处于我们划定对象能力的极限。我可以很容易地把一棵树变成一个沉思的对象，但整个宇宙却超出了我的想象力。这些"超物"的显著特点是与儿童自身与身体的关系截然不同，它们既不能被移动，也不能被视为在移动。"这种存在不是通过简单的观察就能完全掌握的，儿童也不能通过意愿或移动身体来改变它们……大地和天空是'超物'的典范，因而总是不完全由儿童决定的。"（*CPP* 192）对于儿童来说，超物具有一种绝对的、不变的存在。说到一根牙签或一个硬币，儿童会为"魔法"现象构建出非常容易理解的解释。当谈到天空或死亡的本质时，如果逼得太紧，儿童就会构建出天马行空的理论，即使儿童能直觉到它们的存在，并感觉到它们与自己的经验是相通的，但它们仍然不在儿童的理解范围之内。

例如，儿童会承认他们的父母在小时候一定曾经作为儿童存在过，他们自己在出生前也一定不存在，但他们对这些概念只是停留在口头上。死亡不会作为一个事件被理解，因为它从来不是儿童经历的一部分。因此，除非死亡是儿童生活中的人或动物的死亡，从而影响到儿童的存在，否则死亡的概念本身并不令人不安。儿童自身的存在也是一种超物。那我们成人的经验呢？难道出生、死亡、宇宙的无限性以及我们自身的偶然存在与我们积累的任何其他类型的知识没有本质区别吗？

> 在这个层面上，儿童无法想象自己并非一直存在。此外，即使是成人的意识也无法真正想象自己的出生和死亡。瓦隆强调，这种信念是主体性所固有的。从某种意义上说，它在成人身上依然存在：我们无法跳出所有视点进行思考，我们可以将"超物"的边界推得更远（例如在学习哥白尼体系时），但我们无法完全消除它们。(*CPP* 192-193)

因此，科学永远无法完全覆盖和规定成人的意识；即使成人将世界的运作理解为独立于自身的存在，童年时期沉浸于世界的残留物依然存在。儿童和成人一样，努力追求世界观的和谐，寻求合理的解释。他们的区别在于，一个人可以在多大程度上抽象出自己的存在。只有认识到童年不仅影响着一个人的经验，而且也影响着我们如何在自己的理解极限内面对极端事物，我们才能建立起真正的理解："成人与儿童之间可以建立一种更加人性的关系，在这种关系中，儿童不会被囚禁在一个神奇的世界中。成人可以理解儿童的前对象经验，因为'超物'构成了他经验的界域。"（*CPP* 193）

上述观点是否表明，随着知识体系的日益完善，成人更加脱离现实？因为儿童是一类天然的现象学家，与他的活生生的经验息息相关，所以他是否因此更能与我们所遗失的某种真理联系在一起？梅洛-庞蒂的著作支持他在科学和哲学领域的细致工作。虽然他的作品包括对现代哲学和科学某些方面的批判，但他并没有像我们在后现代和后结构主义传统中发现的那样，脱离传统进行全面批判。与儿童不同，我们可以通过批判的方式反思我们的哲学的成见和假设。但梅洛-庞蒂确实质疑了一种常见的观点，即我们成年人之所以有能力理解我们经验中直接而明显的方面，以及我们感官领域中所呈现的隐秘运作，是因为我们比儿童更"触及"(in touch)现实。我们获得了更好的工具和方法来理解我们周围的世界，但这并不意味着使用这些工具和方法的人能够更直接地感知世界。在梅洛-庞蒂看来，儿童的思维并不是一种科学的思维，因为科学的思维需要相信科学的方法和工具。儿童寻求的是具体的解释。我们应该避免过分强调这些具体的解释，认为儿童因此而将这些解释视为信念或理论：

> 物理学家关心的是知识性的解释；而儿童则寻求更具体的解释……然而，儿童并不像物理学家那样拥有信念，即在主题化的思想领域中的信念。相反，儿童需要找到一种解决方案。他试图面对一种处境，并结束未解决的问题。(*CPP* 411)

儿童确实会解释，他们确实会在他们的经验中寻找组织结构。但是，他们的解释并不像我们认为的科学家那样基于判断。儿童寻求的是"自然"的解释，是基于生活而非生活理论的解释。"儿童不会不惜一切代价去寻求'神奇'的解释，而是寻求自然的解释（不是物理学家理解的那种解释，而是通常所说的那种解释）。"(*CPP* 411) 在我们的教育中，对西方科学思想的高度评价鼓励我们将科学解释误认为一种完美的解释。

儿童对魔术的解释揭示了这种自然的解释，儿童提供的答案符合他们的经验，我们可以称之为"可能的"解释，没有复杂的科学和幻想计划。我们所受的科学教育赋予了我们巨大的理智力量，使我们能够理解日常经验中没有出现的事物，避免得出错误的结论。然而，在我们热衷于科学解释的明显优势时，我们可能会忽略活生生的经验，特别是那些与我们不同的人的活生生的经验。梅洛-庞蒂在这些讲座中，并没有要求我们背离科学，而是承认科学解释框架并不能揭示人类生活的全部真相。科学的世界观就像任何未经审查的形而上学信念体系一样，可能是未经反思和盲目的。

## 儿童绘画与成人视觉中心主义

儿童绘画和对魔术的理解所揭示的对童年经验的描述，与梅洛-庞蒂对童年早期经验的理解是一致的，即他认为儿童早期经验是参与性的和有组织的。儿童的绘画还表明，儿童具有多感官的，几乎是综合的感知能力。有趣的是，儿童绘画的高度情感性，以及他们对扁平化和一图多视角的运用，在儿童具备了更好地协调其作品的运动技能**之后**仍在继续。在梅洛－庞蒂看来，这表明儿童在绘画结构中表达了他们感官的流动性。儿童不一定会以一种易于理解的方式来绘画，因为他们并不遵守表达的文化标准。儿童以一种自我中心的方式行动，因为他们不了解其他人有不同的欲望和愿望。同样，儿童也不会把自己的看法理解为自己的看法。他们从不同的维度——情感、视觉、听觉和时间维度来感知和区分，而这些区分以与"视觉"对象本身不一致的方式出现在他们的作品中。成人的绘画和感知也具有情感性，但由于文化和语言的限制，这种情感性往往在绘画中受到压抑，大多数成人在描述他们的联觉体验时也会犹豫不决。

  梅洛－庞蒂最著名的探究——关于知觉的现象学——向我们揭示出知觉经验对于我们的认知来说，远比我们之前假设的要重要得多。很少有心理学家或哲学家否认知觉所起到的显而易见的基础性作用，但许多人却把它当作一种对经验给定的生理性的收集。知觉只不过是用另一个词来指称处理感觉材料的物理操作，因此应该由生理学家而不是理论家来探讨。具有挑战性的问题是，如何对感知进行适当的理智或认知解释。因此，儿童可能拥有收集诸所予的物理装置，但由于儿童显然缺乏处理这些材料的理智和心灵技能，他的参与将是有限的。梅洛－庞蒂强烈反对以这种方式解释感知。就儿童而言，他承认儿童不谙世事，缺乏许多认知技能。然而，由于感知先于对感知对象的理智判断，儿童并不是部分地、最低限度地或有限地体验世界。儿童可能无法判断一个对象，也无法说出它的名字，但他仍然能感知它。通过童年绘画，我们可以了解儿童感知的本质，从而了解成人感知的基础。

儿童的经验也提供了一个对应物，帮助我们分析关于成年经验的某些不容置疑的假设。因此，对儿童感知的研究有助于我们洞察成人心理的运作。梅洛－庞蒂肯定了儿童绘画表现性强的传统观念，但并没有说这意味着他们的绘画知觉性较弱。恰恰相反，那种认为感知仅仅是对视觉的感觉材料的心理－生理收集，然后通过理智处理进行解释的错误前提，使得人们在情感、内在动机的绘画和仅仅表征感知世界的绘画之间划清界限。

成人和儿童的绘画可以帮助我们理解感知。即使是试图通过照相机的镜头来呈现世界，艺术表现也总是经过艺术家的修改。成人往往被训练成将摄影作品视为对世界更"真实"的描述，但这本身就是一种文化的假设。我们与世界的接触实际上并不是一系列移动的快照，我们对现实的体验也不类似于在眼前放映的电影。因此，认为摄影作品更"真实"本身就是一个值得商榷的假设。成人关于艺术和感知的观念被"传统观念"过度规定。儿童对世界的艺术再现更能揭示我们真实的感知体验：

**对绘画作用的研究又把我们引回到它作为基础的能力：感知**。我们已经看到，绘画表达的是情感而非理解。因此，我们必须密切关注儿童的感知——甚至是成人的感知（当它可以剔除传统观念时）——在遇到不仅作为理解

（understanding）的对象，而且作为情感刺激物的事物时所包含的内容。(*CPP* 171，强调为原文所加)

在许多段落中，梅洛－庞蒂认为，童年绘画与成人绘画、绘画和话语相比，在理解知觉的本质方面具有独特的优势。梅洛－庞蒂讲道，儿童在绘画中表达的是一种比成人更感性的综合体验。儿童不仅在描绘中使用时间感、听觉、味觉和触觉，而且也不会将他们的感觉和所见加以区分。童年绘画的特点直接来源于儿童未经中介的经验，因为儿童没有融入表现风格的体系中。由于长期目睹绘画、照片和电影，并接受了"好的"绘画的教育，成人在表征时更倾向于视觉中心主义。

西方传统的绘画概念是用二维来表征三维的视觉对象。人们应该画出某一时刻的"事物"——风景、椅子、人物。儿童将背景、时间和他们的情感生活融入到他们的描绘中。精神分析和心理学在诊断儿童失调症时，会利用这样一个事实，即儿童不会将他们同人的情感关系与他们对人的描绘分开。成人在绘画中潜移默化地保留了这种情感性质，当然，艺术家在创作时也会努力超越尽可能"忠实"地二维表征对象的概念，而儿童绘画则揭示了成人绘画是如何被社会文化规定所覆盖的。

心理学家经常用绘画来衡量儿童视觉和运动系统的发育情况。儿童能否成功地画出躯干，还是仅仅画出一个蝌蚪形状的人？当要求儿童画一个物体时，他是否能抓住物体的主要组成部分？梅洛－庞蒂认为，过分强调这样的评估，是将儿童感知误读为成人感知的一种功能（即儿童的绘画只是作为儿童在通往成人的道路上走了多远的一种表达形式而有价值）。基于儿童艺术表现的发展模式，我们承认儿童绘画具有独特性（与认为儿童绘画与心理无关的过时观点形成鲜明对比），但儿童心理学对儿童绘画的关注仍倾向于忽视儿童经验的积极方面。"然而，它们（儿童绘画）总是作为成人绘画的一种功能来研究的。人们将儿童绘画视为成人绘画的不完美草图，而成人绘画才是对象之'真的'表征。"（*CPP* 132）因此，这些解释模型的限制使得他们总是在儿童身上发现成人身上存在的东西，而没有考虑到儿童可能拥有独特的结构，而不仅仅是成人结构的"缩影"。因此，这种儿童绘画概念认为，儿童绘画中的"错误"在于缺乏对对象"真实"显现方式的关注。事实上，梅洛-庞蒂反驳说，儿童绘画往往能揭示成人表征所忽略或压抑的对象存在的要素。

绘画有助于区分成人和儿童是如何感知对象并与之互动的。如果儿童描绘的是视觉对象，他会提供该物体的全体属性，抓住该物体的基本图式，而忽略细节：

> 例如，当儿童画一辆自行车时，他再现的是一个或多或少连贯的画面，并突出了一些细节，如脚踏板。成人对自行车的描绘是以其机械关系（如脚踏板和后轮之间的连接）为指导的，但儿童几乎完全没有注意到这些联系。（*CPP* 149）

梅洛－庞蒂引用了心理学家爱德华·克拉帕莱德（Édouard Claparède, 1998）和理查德·梅里（Richard Meili, 1931）的研究成果，以更好地概括儿童的整体感知。克拉帕莱德称儿童的感知为"混沌的"，认为儿童专注于最微小的细节，看到与整体之间错综复杂的联系（尽管这种联系可能并不存在），或者感知到非常全面的结构。梅里指出，儿童往往能抓住他所说的"形式"，也就是对象的一般性质，但他们很少能抓住特定部分之间的直接联系——比如自行车的图画。儿童无法理解齿轮与车轮之间的关系，但肯定能理解自行车作为交通工具的一般性质：

> 因此，一方面，我们可以看到儿童的感知实际上是综合的，但不是**清晰分化的综合**（articulately synthetic）。另一方面，儿童的感知也有一些明显的积极特征。例如，儿童比成人更容易感知整体（例如，儿童的"频闪运动"阈值较低）。这表明儿童拥有更多的"完型"（good forms）。换句话说，儿童比成人更容易组织整体。只有当整体过于复杂时，儿童才会被迫回到零碎的方面。(CPP 150，强调为原文所加）

儿童的感知会协调诸客体，因为它试图将所有令人费解的给定整合到已知的结构中。我们在上文看到，儿童对魔术的反应是一种感觉的组织，而不是立即从现实中逃离到一个魔法的世界。

要想找到关于联觉经验的引起共鸣的描述，我们必须转向文学或哲学著作。梅洛-庞蒂引用了萨特在《存在与虚无》（*Being and Nothingness*）（1956年）中提到的著名的蜂蜜和柠檬的例子，展示了事物的视觉方面是如何与其他感官特质交织在一起，从而赋予物体以整体性的（尽管我们所受的教育告诉我们要从触觉来评判颜色，从声音来评判味道等）。蜂蜜的黏稠感和甜味并不是对蜂蜜的知觉的不同特质，相反，蜂蜜体验的原始统一性将各种感官结合在一起，形成了一种完型（Gestalt）。我不用触摸蜂蜜，也能感受到它的粘稠度。儿童就是以这样的方式接触世界的，他是按照事物在他面前的样子去接触它们，而不是通过一种透视镜，这种透视镜鼓励我们高估自己的感知力，认为每种感官都能赋予我们独立的意义，而这种意义只能通过理智结合起来。如果我们回归经验，就会发现，我们的感官往往会在感知、味觉、听觉、嗅觉或感觉上结合在一起。梅洛-庞蒂写道："这种可口的品质与其触觉的品质之间存在着一种关系：每种品质都不能被视为一个小小的、不透明的小岛。我们只能对存在方式进行动态描述：黏性和甜味是被称为'蜂蜜'的存在物的两种蜂蜜般的方式。"（*CPP* 420）这一描绘和萨特对柠檬的联觉情感的讨论，引出了关于童年绘画如何揭示童年感知方式的讨论，用胡塞尔的话说，就是如何到达事情本身。

童年的绘画揭示了感官分类在我们的感知中是罕见的。儿童在他们的绘画中能够轻易把握和描绘出客体的统一性，即整体性，也包括非视觉的方面。梅洛-庞蒂引用了弗朗西斯·庞吉（Francis Ponge，1942）的著作来证明这种童年描绘。庞吉从日

118

儿童，天然的现象学家

常物品——虾、橘子，特别是梅洛-庞蒂对鹅卵石的讨论中，强调了对象是如何被经验到的。格式塔心理学认为，我们感知的背景包括我们感知的非关注部分（the nonattended parts）。它还包括客体的联觉方面，即我们的诸感官如何在视觉感知中交织在一起。庞吉让我们注意到对象所指向的其他事物，在这里，鹅卵石所唤起的大海与海风最能为儿童所理解：

> 鹅卵石已经指向了风和海，而鹅卵石本身就是一个必须被照亮的情结。庞吉观察的是事物对他的影响，而不是事物的外表。他所分析的鹅卵石是孩童时期的鹅卵石（我们自己不得不回到童年时期对鹅卵石的印象，以恢复它的诗意）。因此，鹅卵石所象征的是一系列行为，以及某些人与鹅卵石之间的明显关系。我们由此明白，旁观者的感知概念无法让我们真正理解事物。(*CPP* 421)

成人的感知常常通过艺术创作唤起这种诗意。例如，毕加索在一个人物形象中使用多个视角，可以理解为他抓住了我们感知的透视本质这一真理。同样，孩童时期的扁平化透视倾向也说明了我们的眼睛并不是简单地聚焦于一点透视，而是在视觉场中游移不定。儿童还会因情感关系而扭曲物体和人的相对大小。

梅洛-庞蒂认为精神分析发现了童年绘画是如何展示情感联想的，即使这些客体不在儿童的视觉场中。他引用了索菲·摩根斯特恩（Sophie Morgenstern）的《婴儿心理分析：儿童想象创作的象征主义与临床价值》(*Psychanalyse infantile: Symbolisme et valeur clinique des creations imaginatives chez l'enfant*，1937)一书，其中摩根斯特恩描述了绘画是如何"对儿童和成人来说都是升华"的(*CPP* 175)。梅洛-庞蒂不同意过于强调绘画的宣泄作用，认为这在成人和儿童中是并行不悖的。对于成人来说，我们可以把创造性的表达看作是一种潜在的、因心理抗拒而变形的内容。但儿童没有成人的那些过去。"然而，在儿童身上，我们无法想象存在着这样一种审查机制，我们发现的不是显性内容和潜在内容的简单二元性，而是意义未定的单一文本。"(*CPP* 175)例如，我们可以理解成人对禁忌话题的压抑可能会出现在充满性暗示的表述中，然而，鉴于儿童的天性，并没有"作为性"的性内容需要压抑，性内容对于儿童来说是直接体验到的。我们可以说，对于儿童来说，并没有什么明显的性内容；相反，性是儿童整个体验的一种色彩。

梅洛-庞蒂回到了波利策的《基础批判》(*Critique des fondements*，1968)，引用了他对弗洛伊德的潜在内容和显现内容概念的批判，对波利策来说，这种区分在儿童或做梦者身上是不起作用的(*CPP* 175)。如上文所述，诸客体对儿童而言的表征与对成人而言的表征是不同的："儿童的符号化并不是源于对**客体**(object)和**符号**(symbol)这两个关联项各自的理解，而是源于绘画中的内在的性的意义。"(175-176)因此，情感关系并不在儿童感知的背后或在其之下（偶尔会产生这类的描述）；情感关系是内生于(intrinsic)知觉本身的。情感状态"导致"儿童以某种方式进行绘画的表达功能这一概念有一定的道理,但并不全面。儿童的确是富有表现力的、情绪化的艺术家。但是,这并不是说他们有了某种情绪,然后被这种情绪强迫以某种特定的方式作画。这种解释认为,儿童的情感状态是内在的,与他们的感知经验无关。我们**学会**了在情感和感官之间做出区分,但这种区分并非与生俱来。

我们可能会反对这种观点,认为这种观点将童年经验具体化了,似乎童年经验没有受到儿童的处境(他的文化、社会阶层和家庭)的影响。梅洛-庞蒂以马克思主义思想家们为例,承认"然而,将文化影响与属于儿童的东西分开是不可能的。社会学,甚至意识形态的考虑因素总是会介入任何关于绘画的讨论"(*CPP* 168)。同时,梅洛-庞蒂认为这种反对意见是一个伪问题。儿童自然会受到他们的处境、他人对他们的态度、社会的文化规范等因素的影响。承认这些影响意味着什么呢?在梅洛-庞蒂看来,这种说法只是一种不言而喻,不会影响我们研究儿童感知结构的能力。"即使完全没有环境(如果这是可以想象的话),也会像任何特定环境那样影响儿童。"(164)生活在环境中的任何生命都是被环境条件塑造的,这是必然的。梅洛-庞蒂儿童心理学的重点在于证明文化差异在多大程度上显示了儿童发展的可塑性,以及我们在多大程度上发现了儿童发展的一般结构。如果没有这些特征,就不可能进行文化间的比较,因为比较需要一个框架或形式,而这个框架或形式在两种文化中都足够相似,从而可以进行比较。梅洛-庞蒂发现,文化差异揭示了结构上的相似性。人类学调查支持这样的观点，即儿童感知的过程是相似的（尽管由于阶级和文化的不同，他们的反应内容也会大相径庭）。

结构性的特征并不是独立于语境的。当然，结构性的特征的确可以让我们跳出对文化和历史背景的描述，去思考儿童绘画的理论意义，尤其是它如何揭示感知的本质。要理解童年绘画如何不仅仅是一种测试或衡量运动发展的方法，我们必须认识到儿童绘画的**积极意义**。梅洛－庞蒂指出了儿童绘画与现代艺术的相似之处，他写道，儿童绘画和现代绘画挑战了"几何透视更真实"的假设（*CPP* 132）。他继续指出："现代绘画的努力使这一假设受到质疑，并赋予其他观看方式以积极意义（例如，对毕加索来说，轮廓的多元性是一种表达方式）。"（132）现代艺术家摒弃了在二维画布上制造透视幻觉的传统方法，探索多种风格来创作作品。由于传统的西方透视绘画和摄影被认为在视觉上更加"准确"，现代艺术往往被用与准确性或真实性无关的术语进行分析（例如，可以讨论色彩和线条的使用、社会评论、视觉效果等）。梅洛－庞蒂并不声称现代绘画对位于时间中的某一时刻的视觉刺激更为准确。相反，他认为现代艺术与童年绘画一样，更能强调**知觉**的真理。我们必须认识到这样一个观点，即用对客体的摄影之表征的视觉刺激本身就是一种孤立的理智活动，它总是发生在感知之后。

自然地，成年的区分不能过于生硬。我们并没有被"困在"自己文化过度规定的观点中，无法欣赏不同的文化或生活方式。

儿童，天然的现象学家

由于现代艺术家（或心理学家或哲学家）质疑关于感知和表征的非反思性假设，她们在一定程度上摆脱了文化规范的束缚。虽然没有完全的自由（liberty），但在社会文化标准方面，独立程度有高有低，因此创造性也有高有低：

> 我们可以从儿童的绘画中看到他们不受我们的文化预设影响的证明。我们知道，事实上存在着感知运动的不足；儿童不是艺术家。然而，现代绘画的努力赋予了儿童画新的意义。我们不能再把透视画法视为唯一的"真"……儿童能够做出某些自发的行动，而这些行动在成人那里是不可能的，因为他们受到文化图式的影响并服从于文化图式。(*CPP* 132)

要探索儿童的绘画和感知世界，我们必须找到一种方法，既能整合儿童生活中的历史事件，又能整合儿童对环境的反应。梅洛-庞蒂的立场与任何功能主义或严格的发展图式都是相反的，在这些图式中，儿童被视为拥有或没有与年龄相称的技能和行为："积极的内容必须融入对儿童行为功能方面的探索之中。"(133) 童年绘画代表着对自然的表达性把握，反映了儿童对世界的**全体感知**（global perception）。这种全体感知是一个人与世界建立联系的一般方式，源于一个人的视野、历史和情感天性。因此，儿童所看到的和儿童所画的"并不完全相同"，因为他们并没有将"对事物的内在视觉"与看到的对象分开（164）。

儿童绘画的表达性意味着客体表征和情感状态并不是理智和情感的独立范畴；相反，它们都密切地存在于感知之中。梅洛－庞蒂认为，对儿童而言，绘画既是对客体的表征，也是对自我的表达，但如上所述，这并不是说儿童是受某种内在状态的驱动来表达自己的。梅洛－庞蒂将自己与儿童心理学家卢凯（G.H. Luquet，1972）区别开来，他否认了儿童绘画是内在情感模型与儿童视觉直接表征的结合这一论点。卢凯认为，绘画就是传递视觉所予。因此，儿童和成人"看"的方式是一样的，区别它们的表征是注意力的问题。由于卢凯坚持客体是恒常的概念（"恒常性假说"），他认为感知只是注意得好或差的问题（*CPP* 386）。

对象恒常性理论并不能解释感知或艺术。注意力往往会揭示特定经验的更多方面。但这并不是说，当我有意识地、小心翼翼地将注意力集中在一个物体上时，我在我的知觉场中就会因此生理性地吸收更多的视觉所予。在我们决定将注意力集中在客体上之前，我们并不会在一种云雾缭绕的状态下经验世界。当然，我们无法想象儿童会有这样的经验。即使注意力重构了我的知觉，也不会让我感知得"更好"。梅洛－庞蒂使用格式塔理论来谈论知觉的"重构"。他讲道，格式塔理论告诉我们：

> 注意不再是一种或多或少照亮不变领域的形式，而是一种重构的力量，一种使景观中原本不存在的成分在现象上重新出现的力量。因此，与其说是对已有细节的澄清，

> 不如说是发生了一种**对于客体的改造**。这种新的解释首先承认了儿童绘画是对事物进行结构化的最初方式，其次，从儿童绘画到成人绘画是另一种结构化。(*CPP* 415，强调为原文所加)

绘画对象在时间上、空间上和情感上都被视为沉浸在其所处的环境中。从这个意义上说，儿童捕捉的是事物真实存在的样子，其轮廓、背景情况和个人对事物的意图都在不断变化，密不可分。与此同时，儿童还将自己对事物的感受融入到绘画中，因为如前所述，儿童并不把自己的情绪当作属于自己的东西。他们的生活是与世界连在一起的。因此，儿童的绘画"既比成人的绘画更主观，同时又比成人的绘画更客观：更主观是因为他们从表征中解放出来，更客观是因为他们试图再现事物的真实面貌，而成人只从一个角度——他们自己的角度来表征事物"(*CPP* 170)。

成人的感知与从先前经验中获得的判断相联系，也与社会文化意义紧密相连。儿童也受到社会文化条件的影响，但这些条件并不以同样的方式构建儿童经验。在这个问题上，传统心理学家正确地指出了儿童的不成熟性。儿童对语言和文化规范的掌握还不够全面和有效。传统心理学家的错误在于，他们认为儿童的感知系统是混乱的、不完整的，因为他们不能清楚地表达自己的经验。梅洛-庞蒂同意库尔特·考夫卡（Kurt Koffka，1925）等人的观点，他们肯定了知觉中的**恒常现象**（而不是卢凯所说的客体恒常现象）。回到格式塔心理学的场-图型（field-figure）概念，恒常现象表明，感知总是发生在一个有组织的场中；不存在"混乱"的感知："在儿童身上，由于恒常现象的存在，知觉领域中存在着一种非混乱的、结构化的视觉（尽管这并不是说这种结构化与成人的结构化相同或一样完美）。"（*CPP* 147）由于儿童的语言发展尚未成熟，他们所不具备的是一种解释性的判断系统，而这种判断系统可以用来将他们的感知符号化。对儿童来说，"不需要二阶的解释工作"（*CPP* 147）。

梅洛-庞蒂多次重申，这一论点并不意味着成人的知觉中的一切都完全是儿童的萌芽。格式塔心理学的知觉恒常性概念认为，婴儿的知觉与成人的知觉并不完全相同："但是，说婴儿的感知从一开始就是有结构的，并不是说婴儿的知觉和成人的知觉是一样的。相反，这是一个充满空白和不确定区域的概要性的结构（summary structure）问题，而不是成人知觉所特有的精确结构化（precise structuration）问题。"（*CPP* 148）正如梅洛-庞蒂在《行为的结构》一书中所论证的，宣称儿童或动物有一种有意义的方式来组织其经验世界，并不是说其结构化模式总是我们自己的一种不成熟、不够发达的风格。成人的感知受到理智和心理物理发展以及个人丰富经验的影响。当我知道猕猴桃褐色的毛茸茸外表下缊藏着翠绿色的甜味时，我就不会再用同样的眼光看待未来尚未切开的猕猴桃了。我不能只看到总统、我的母亲，甚至我的猫的外表特征。相反，我对他们的了解、我对他们的期望以及他们与我的世界之间的联系，都会影响我对他们的看法。

一种观点认为，儿童看到的仅仅是视觉材料——总统外套

### 儿童，天然的现象学家

的颜色、总统的脸或玫瑰园而缺乏其他理智和情感属性。这种想法将儿童的感知模型化为对于视觉材料的一种收集，而这些材料与儿童不了解的其他材料之间没有任何有意义的关系。这种观念否定了梅洛-庞蒂所接受的格式塔理论的基本内容。儿童必须在他们的各种经验、他们的过去、现在和未来之间建立起有组织的有意义的关系；然而，这在许多方面与成人的感知有着明显的不同。对于成人来说，事物带有某种理智判断，即使这种判断仅仅是"这是我正在目睹的未知事物"。在格式塔理论中，事物也具有**前理智**（pre-intellectual）的统一性，这表明儿童可以与事物进行有意义的互动，而不需要把它"作为一个事物"来理解。发展会带来重大的转变和重组；这些理智的和语言的发展会融入日常的成熟经验中。婴儿期的感知确实具有"世界观"，因为它呈现的是一个完整的、结构化的感知领域："在儿童感知的发展过程中，会发生许多转变和重组。然而，从一开始，某些（值得称为事物的）总体就确实存在，它们共同构成了一个'世界'。"（CPP 148-149）

在索邦的演讲中，梅洛-庞蒂提到了他最喜爱的艺术家保罗·塞尚（Paul Cézanne），他在《眼与心》（*Eye and Mind*, 1964b）中对塞尚的探讨最为著名。就像儿童会通过在物体周围画线来描绘运动中的物体一样，塞尚捕捉到了水的运动、触感和外观等元素：

> 同样，水池中水的流动性、"微温""蔚蓝"和起伏的

运动都是通过彼此一起被给予的。这种整体性被称为"池水"。这就是像塞尚这样的画家真正看到的东西,一位自称能够描绘一切(气味、味道以及形式和色彩)的画家。(*CPP* 172)

创造性表达的动力不是来自世界之外,也不是来自天马行空的发明创造,而是来自我们对根本的知觉的回归。艺术家通过唤起我们基本的联觉经验(synthetic experience),重拾孩童般的知觉。儿童的艺术和对世界的诠释向我们展示了我们是如何误解童年经验的。在关注儿童的过程中,我们会发现对自身的理解更加深刻和精妙。

# 第六章　文化、发展与性别

如果我们认真地看待我们的生存条件和研究它的人文科学——历史学、心理学、生物学、社会学、人类学——与从哲学角度全面认识我们自身的关系，我们就无法回避文化相对主义的问题。在考虑任何儿童发展理论时，文化分析与科学分析之间的冲突尤为尖锐。儿童发展是否揭示了人类成熟将沿着一条确定的道路前进，还是不同文化间的儿童发展存在根本差异？梅洛－庞蒂有充分的理由关注"自然"（nature）与"养育"（nurture）之间的冲突。梅洛－庞蒂深受存在主义、马克思主义和弗洛伊德理论的影响，他不仅同意我们在文化上规定了某些价值观要优于其他价值观，而且我们获取"真理"的方法本身也受到我们所处环境的影响。《知觉现象学》以批判诸科学的自我确证（self-assurance）而闻名，梅洛－庞蒂强烈反对现象学应将自己视为一门科学的观念。尽管如此，梅洛－庞蒂并没有否定那些更坚定地站在"自然"一边的研究者的研究成果。他对知觉和脑损伤病例（如病人施耐德）的关注清楚地表明，梅洛－庞蒂认为经验

## 第六章　文化、发展与性别

研究对任何知觉研究都具有参考价值。[1]

在索邦大学的讲座中，自然－养育的冲突是不可忽视的，因为它主导着对儿童发展的任何理解。在索邦讲座期间，儿童心理学领域的两位风云人物——皮亚杰和弗洛伊德——为我们提供了全面的儿童发展理论，他们的贡献是巨大的。尽管梅洛－庞蒂对这两位大师深表敬意，但他发现，他们的理论削弱了个体的自由，忽视了文化和历史因素，而这些因素显然塑造了我们养育儿童的风格。无论是皮亚杰的认知图式理论还是弗洛伊德的性发展阶段理论，这些将儿童发展视为一系列"阶段"的理论，都倾向于将人类的成熟高估为一种普遍天生的运动（universal innate motor），从而最大程度地降低了重要的个体差异和文化差异的相关性。梅洛－庞蒂所面临的挑战是表达一种既包含自由又包含偶然性的一般发展理论。

梅洛－庞蒂回到了黑格尔的微妙理论，即当下如何能够容纳过去，同时又与过去保持区分，以此来解释他的发展概念：

---

[1] 梅洛－庞蒂在《知觉现象学》中特别关注脑损伤患者施奈德的病例。他对施奈德病理的描述是二手的，施奈德是阿德马尔·盖尔布和库尔特·戈尔施泰因检查过的一个病人，他有许多显著的障碍：失认症（通常因颞叶脑损伤而丧失辨认物体、人或感官知觉的能力）、运动视觉丧失、阅读障碍（字盲）、丧失连贯的身体图式、身体位置丧失和抽象推理丧失。这个病例不仅给梅洛－庞蒂留下了深刻印象，而且其分析极大地影响了格式塔理论的性质和重点，尤其是对知觉和身体运动之间关系的讨论。关于梅洛－庞蒂对施奈德的经典诠释，请参见他在《知觉现象学》中的"本己身体的空间性与运动"一章（*PP* 98-147）。关于施奈德的原始案例，请参阅戈尔施泰因和盖尔布的《基于脑损伤患者检查的脑病理病例心理分析》（1918）。

> 发展既不是一种命运，也不是一种无条件的自由，因为个人总是在特定的身体领域完成决定性的发展行为。在这里，我们再次发现了黑格尔"在保存的同时超越"的思想。个人只有同意保留其最初状态，才能超越这些状态。因此，我们重新回到了关于个人的和人际的动力学的一般概念。(*CPP* 407)

面对发展，我所拥有的自由并不是随心所欲的自由。毕竟，如果我身患不治之症，我不可能摒弃我的这部分病症，就好像一个人可以仅凭心灵的力量就能让自己脱离凡尘一样。梅洛－庞蒂不认为发展中的自由是指在现在或未来成为某种不同事物的能力，而是强调只有当我们在心理上将过去和现在结合在一起时，才会获得自由。我们与身体本性抗争的时间越长，我们就越被其所规定。这段话让人想起梅洛－庞蒂早期在《知觉现象学》一书中对自由和具身化的评论，他写道：

> 使我们能够以我们的存在为中心的东西，同时也是阻止我们完全以我们的存在为中心的东西，我们身体的匿名性不可分割地既是自由也是奴役。因此，总而言之，"在世存在"的含混性是由"身体"的含混性转化而来的，而"身体"的含混性是通过"时间"的含混性来理解的。(*PP* 85)

虽然这种发展理论可能具有吸引力，因为它没有陷入激进主义的一方或另一方,但我们如何将发展视为合格的自由?它提供了一种什么样的发展模式?为了更好地理解梅洛-庞蒂的理论是如何发挥作用的,我们将从一些实例入手。本章重点讨论性别问题,因为它强烈要求我们解释生物与社会之间的联系。首先,我们将讨论年轻女性的月经问题。最后,我们将探讨当代女性主义对梅洛-庞蒂关于性别和妊娠现象学研究的评价。怀孕的具身经验强调了发展的故事是如何开始的,这不是一个关于儿童出生的故事,而是一个关于母亲怀着儿童的故事。

**发展与月经案例**

在梅洛-庞蒂看来,发展过程是灵活的,但这并不意味着不存在必然的或可把握的发展模式。困难在于如何理解一定程度的自由是如何存在的,以及如何保留一种采用人类发展一般理论的理论。梅洛-庞蒂勾勒出的关于自由和规定的理论认为,个体具有某种存在方式的天生的**倾向**,正是这些倾向预示着发展。当心理学家在具有统计学意义的 1 岁儿童中发现了一种普遍能力时,他可能会得出结论:他发现了一种可以被视为人类本性一部分的能力,换句话说,一种普遍的人类特质。梅洛-庞蒂认为,在得出这一结论的同时,还必须对研究背景本身(包括心理学家自身的信念)进行更全面的分析。

梅洛-庞蒂对发展进行了论述,承认文化差异以及我们处境的普遍本性。他还反对任何激进的先天论或社会建构主义立场

（他关心的主要是前者），因为这些理论都是凭空强加给发展结构的。在解释成人如何从儿童中产生时，儿童被回溯性地赋予了成人的特征，无论这些特征是否真正存在于儿童之中。相反，我们必须考虑儿童在历史中的位置、他的文化和自身的心理－生理状态下是如何**期待**（anticipates）未来的。梅洛－庞蒂在讲座中说："发展始终遵循着一定的路线；畸变的可能性不是无限的。这种秩序，尽管可能是完全偶然的，但它必须从先前的状态中，从它将要利用的材料中，自发地涌现出来。"（*CPP* 407）我们只能脱离先前的状态，但这并不意味着过去规定现在。如果是这样的话，那么人类的个人经历就是副现象的（epiphenomenal），任何现象学描述对于理解发展都是多余的。发展将是环境所予和生理变化的产物。梅洛－庞蒂希望避免在寻求"科学"解释时忽视文化和物理环境的倾向，他假定对人类发展的最佳解释是适用于所有时代的所有人的解释。但是，他并没有因此而认为文化多样性压倒了任何普遍解释的可能性。

我们通常从将婴儿转变成成人的物理变化开始思考在人类自身之中的发展。身体的发育从出生时就已经被规定了。除非采取极端措施，否则一个人成年后的样子是既定的。此外，我们越来越了解大脑发育过程中的生理成熟。发展理论将记录正常身体的自然变化过程。我们可以轻松地说："当然，个人的思想内容会因文化而异，但基本的生理发育是可以确定的。"虽然只有最极端的人才会否认文化的明显影响，但许多人都会站在"自然"一边，认为只有"自然"才能真正形成对发展的一致看法。文化

## 第六章 文化、发展与性别

虽然没有被忽视，但它只是一种附加物，在生物发育的基本结构被揭示之后，人们可以在需要时嵌入它来解释差异。

梅洛-庞蒂承认，发展在很大程度上是身体自身的生理变化。然而，正如下文将以月经为例进一步阐述的那样，正常的发展只有在个体**接纳**了这种生理变化之后才会发生。"个体必须重新接纳那些目前的身体状态使之成为可能的事情。"（*CPP* 407）因此，我们是自由的，因为我们作为具身的存在，真正处于自然身体力量和文化规定的力量之间。我们的"自然"发展为我们处理社会文化立场的"养育"方面提供了工具，但这并不是简单的情况。这种概念虽然包含了两方面的重要性，但只有在分析静态世界时才有用。当然，我可以看到我此时此刻的处境是如何被我的身体能力和局限性，以及我的历史文化背景所塑造的。当我把自己与立场冷漠的人进行比较时，我可以讲述他们的处境和生理条件是如何规定他们的。然而，这样的分析无法解释我们是如何变化的，我们是如何以我们特有的方式进行适应的，或者我们是如何学会处理全新的文化和环境所予。它无法解释一个人的成长经历和处境如何从根本上影响她的感知、情绪、信念和价值观，而不仅仅是随后对它们的判断。我们需要一种理论，它不仅能够解释个体和社会差异，而且能够理解发展的发生性、变化性和有时的自由性。

梅洛-庞蒂理解发展是如何与环境和个人线索联系在一起的，而这些线索并不是身体变化的必然产物，海伦·多伊（Hélène Deutsch）对女性发展的讨论就是一个例子。多伊是一位精神分析学家，梅洛-庞蒂引用了她的著作《女性心理学》(*The Psychology of Women*，1944—1945)。西蒙娜·德·波伏娃1949年的代表作《第二性》(*The Second Sex*, 1989)虽然没有在梅洛-庞蒂的课程笔记中被全面的评述，但显然也具有影响力。月经是女性身体上一个明显的变化，也是备受讨论的问题。有些人认为，月经来潮是女性进入异性恋成年"女性"阶段的标志。梅洛-庞蒂对此并不认同："**异性恋与月经这一生理现象没有直接关系**。"(*CPP* 404，强调为原文所加)梅洛-庞蒂对非西方的和性别经验的关注领先于他的时代，但他并没有质疑异性恋假设，即向"女性"的转变就是向"异性恋"的转变。梅洛-庞蒂没有将月经视为性成熟的直接原因。梅洛-庞蒂同意多伊的评价，即有可能拒绝在心理上同化生理事件。我们发现，生理发展并不能简单地导致心理发展。相反，每一种生物的变化都必须被具身主体所吸收。

鉴于梅洛-庞蒂并不认为现象学是一个揭示先天真理的无时间性的筹划(timeless projet)，而先天真理是与人类状况的偶然性及其在地点、时间和文化中的必然位置相脱离的，因此，指出他对人类的偶然性一无所知似乎会使人质疑其分析的有效性。在存在主义和以经验为基础的现象学中，某种紧张是不可避免的，就像在任何接受社会建构主张的至少部分相关性的思想中一样。如果我经验世界的方式在很大程度上是由我的历史、文化和我出生的阶级所塑造的，那么我似乎就无法领悟到任何与我的处境明显相悖的真理。但如果是这样的话，那么开展任何希望对人

## 第六章 文化、发展与性别

类状况进行某种元历史讨论的筹划又有什么意义呢？任何筹划不都是作者处境的产物吗？梅洛-庞蒂敏锐地意识到，有必要提供更多的结构分析，而不是内容分析，以便考虑到重大的文化差异。在讲座中，他倾向于试图唤起普遍冲突或挑战的方法，这些冲突或挑战对全人类来说都是普遍存在的，因为它们是我们在世界上的具身状态的结果。他不赞成那种假定：如果一个人发现了某种冲突的"解决方案"，那么这种解决方案就是一定适用于所有时代的方法。

因此，当生理变化发生时，比如月经来潮，人们可能会出于种种原因不接受它。在某些社会中，赋予年轻女性的角色比赋予儿童的角色更具限制性。月经的经历以及它将如何规定一个人的一生，从每月一次的月经到怀孕的可能性，也需要比单纯从理智上理解生理发展更多的东西。梅洛-庞蒂认为，许多发展都是儿童所期待的。这为我们提供了一种区分方式，即我们通常能够接受对我们的自我意识具有革命性意义的重大生理转变（如怀孕和月经），而不是接受单一的创伤性强加体验。"儿童期待着成人的状况。"（*CPP* 408）期待模式取代了生理变化导致心理发展的模式。我们体内蕴藏着未来可能存在的自我的种子。

梅洛-庞蒂以创作为例，讨论了埃尔·格列柯（El Greco）的绘画。他指出，我们可以在他的作品中看到画家童年的期待。但这些期待并非命中注定。埃尔·格列柯极富想象力的非正统绘画可以被视为自由表达的缩影，但同时我们也可以追溯到他的青年时代：

> 我的自由与我要做的事有关。如果说生活是发明创造，那么它就是从某些给定出发的发明创造。例如，在埃尔·格列柯的作品中，我们可以说他的过去是给定的，这样他才能创作出他的作品，但我们也可以说，他童年的给定是作为他作品的预想出现在我们面前的。从作品到生活，从生活到作品，这是一种循环往复的关系。在一个人的一生中，会有一些富有成果的时刻，在这些时刻，个人的表达力会特别突出，个人的作品会增添意想不到的意义。通过过去的某些事件，个人发现了一种意义，这种意义有利于他内心或周围涌动的东西。（*CPP* 455）

当变化在我预期之前发生时，我很可能会拒绝它，并进入各种否定的状态。当这种反应长期存在时，不和谐将不可避免地引发症状。

这些问题因社会对女性遵从某种模式的压倒性推动而变得更加复杂，往往会引起少女的强烈不满和焦虑。一个人如何适应身体发育是因人而异的，但发育的"正常"范畴越窄，女孩面临的问题就越多。梅洛－庞蒂讨论了家庭如何通过加强或放松对女孩符合社会规范的期望来帮助或阻碍她的发展。因此，少女的自由本身就受到各种文化规范的影响。我们不能把她对"女性身份"的抗拒看作是一种个人的不成熟。相反，这与世界有关，在这个世界里，女性身份意味着可能性的减少，而不是可能性的增加。要成为女性，就必须符合一套相对狭隘的可接受的行为方式。当童年为她们提供了更大的可能性时,少女自然地会经常抵制这种变化。

梅洛-庞蒂认为,少女在月经前后经历的一系列心理发展与月经的实际开始有关。她无法自由决定与自己身体相关的任何模式。她不能愉快地否认自己的身体发生了变化,否则就会与自己的身体格格不入。她也无法完全摆脱社会中或好或坏的文化规范。然而,她具身化的特殊方式本身并非命中注定。在梅洛-庞蒂看来,发展是灵活的,但并非没有必然的结构。社会规范会对我们对待身体的态度产生负面影响。一个将女性局限于狭隘角色的社会,很可能会让年轻女性产生矛盾心理,甚至直接拒绝。梅洛-庞蒂在他的论述中还指出,身体的变化本身可能是负能量和怨恨的来源。问题在于,对一个人身体发育的负面影响是否完全是由社会规范造成的,因此在一个理想的世界里,一个人的身体发育是没有内部冲突的(或至少冲突很小)。在衰老或疾病的情况下,这似乎很难想象。下面我们会发现,重大的生理变化可能会导致冲突,而这些冲突似乎不是更好的社会规范或更具想象力的具身方式所能解决的。

**怀孕与性别**

在梅洛-庞蒂看来,孕妇同样具有这种对身体变化的矛盾心理。然而,怀孕具有更深远的哲学意义。梅洛-庞蒂指出,孕期发育中的身体与原始的、前主体性的存在息息相关。这种

"生命的秩序"与其说是一种发展的趋势，不如说是一种存在的连续体（continuum），它既削弱了自我感，也支撑着它。

怀孕显然是身体发生巨大变化和转变的时期。然而，与月经不同的是，它的变化并不是逐渐成熟为成年（adulthood）的过程。虽然社会对"女性"的定义可能并不恰当，但月经期的身体确实是一个不同的身体，有着不同的要求和不同的生活方式。女孩必须"赶上"自己的身体。在一个理想的社会中，一旦她逐渐适应了月经，她很可能会体验到个人身体与社会对个人生活方式选择的允许之间的和谐互动。同样，在一个不健康的社会里，没有一个女性能完全适应自己的身体。

怀孕则完全不同，因为它不仅涉及社会力量、个人教养、身体发育和心灵状态之间的交叉点——它完全涉及另一种存在。身体的变化不仅仅是一个人面对自己的处境——无论是无意识的生物的身体还是社会文化世界。怀孕时，女性以一种独特的方式成为生命的一部分。她所孕育的生命十有八九超越她自己的生命。此外，尽管我们无法想象孩诞生于子宫之外的任何地方，但儿童并不仅仅是母亲身体的延伸。

梅洛-庞蒂认为，另一个身体的发育会使母亲与她以前的具身风格相**异化**（be alinated from）。现象学之父胡塞尔很少花时间讨论性别经验，更不用说怀孕了，但他确实说过，我通过所有单子的目的论来体验整体化趋向（pregnancy）（Husserl, 1981, 337）。在这个片段中，胡塞尔承认他作为一个男人在理解出生时遇到了困难。不过，他的结论是，既然目的论包含所有单子，那么怀孕也必然会被纳入现象学的范畴。梅洛－庞蒂显然并不担心他的性别会影响他对女性的描述。梅洛－庞蒂在谈到胡塞尔对怀孕的评论时说，怀孕的女性"感觉到自己的身体与自己疏离了，它不再是自己活动的简单延伸"（*CPP* 78）。对于每个女性来说，这种疏离感自然会因怀孕的背景、生理和心灵状态而有所不同，然而，鉴于怀孕的性质，所有妇女的这种疏离感都是相似的。他补充说，这种疏离感不仅仅是怀孕带来的生理挑战：怀孕的沉重感、不适感和不便感。它还涉及一种完全不同的生命方式的转变。梅洛－庞蒂认为，怀孕超越了个人经历、生物规定和文化期望的联结。怀孕使人回到一种"原始"的具身模式。"孕妇以一种原始的方式来亲历这个问题。"（*CPP* 78）怀孕的"原始性"是对"匿名进程"的参与，这种参与之所以矛盾，正是因为它不仅仅关乎母亲的身体、她的决定、她与社会的关系以及她的欲望和情结。怀孕是一种超越个体身体的经验。因此，孕妇可能会感到被异化，因为她似乎失去了控制。"她自己的怀孕并不像她用身体完成的其他行为一样。怀孕更像是一个匿名的进程，这个进程通过她发生，而她只是其中的一个席位（seat）。"（78）

怀孕的例子说明了对自由－规定性的连续体更复杂的理解。在这里，不能说孕妇像月经成熟前那样期待自己未来的发展。对发育的期待似乎并非来自孕妇自身。这并不是说母亲与身体异化的经历一定是负面的。相反，这是一种超越她个人具身性的感觉，是一种更伟大的生命感觉。梅洛－庞蒂称之为围绕"生命

秩序"的"奥秘":

> 一方面，婴儿的身体逃离了她，但另一方面，即将出生的婴儿确实是她自己身体的延伸。在整个怀孕期间，她都生活在这个重大的谜团中，这个谜团既不属于物质的秩序，也不属于精神的秩序，而是属于**生命的秩序**。(*CPP* 78，强调为原文所加)

什么是"生命的秩序"？在这些评论中，我们发现了与生命本身原始方面的联系。这一讨论与前面讨论的主体间性和混沌社交性理论非常相似。

梅洛－庞蒂对发展的理解还有一个非传统的方面，那就是他认为人们无法准确地说出儿童与成人之间的恰当、正确或公正的关系。许多发展模式都规定父母应该如何养育儿童，以培养出健康的儿童，而梅洛－庞蒂则不同，他不愿意提倡或禁止儿童的行为。没有什么天生的本能必然会促使儿童以某种方式发展，同样，也没有什么天生的本能会促使父母以某种特定的方式对待儿童。梅洛－庞蒂反驳了"母性本能必然会解决育儿过程中出现的问题"这一观点。母性角色是各种关系枢纽中的一个角色，只有在这个语境中才有意义。事实上，梅洛－庞蒂认为母性只会加剧问题，而非缓解问题。

"脆弱的女性"，梅洛－庞蒂说，"是文化的事实而非自然的事实"（*CPP* 377）。人类学向我们揭示了对女性力量的不同态度；我们自己认为女性在身体上低人一等的倾向很快就显示出它自身是一种偏见。那么，我们该如何评估性别差异的哪些方面可能是本质的？是否所有的刻板印象都是错误的？有些刻板印象比其他刻板印象更真实吗？显然，男人和女人的身体是不同的，这似乎在经验中起着某种作用。梅洛－庞蒂认为，"从方法论上讲，否认男女之间因生理差异而产生的心理差异是毫无意义的"（*CPP* 377）。为了更准确地接近差异，我们必须抛弃自己关于什么是专属的女性或男性行为的观念。"只有摒弃'女性天性'（feminine nature）和'男性天性'（masculine nature）的观念，才能知道这种差异是否存在以及存在的程度。"（377）为了让我们的经验的总体结构得以产生，我们必须悬搁我们自己的先入之见（investments）。

梅洛－庞蒂概述了性别角色如何影响一个人的整体存在方式。我们不能轻易地谈论"女性"和"男性"的特征，就好像它们是有待揭示的自然事实：孤立和客体化一个群体就是歪曲整个社会网络。为了挑战科学主义或绝对心理学的上帝视角，梅洛－庞蒂转向人类学研究。对"原始"民族的研究让我们注意到亲子关系的可塑性。在所有的研究中，母亲仍然是中心，但儿童被期望的行为方式和实际行为方式却大相径庭。同样，梅洛－庞蒂认为，社会制造了一种女性与"正常人"（即男性）分隔开来的感觉。这种分类表明了心理学家的某些偏见，也自然影响了女性的可能性和期望。

对我们生物天性的文化偏见并不必然以同样的方式限制每

个人。相反，文化往往会限制某些倾向。我们的自然倾向是生活在我们孩童时代所经历的最初的、完整的、原始的世界中。在这个世界里，持续的开放性会自然而然地倾向于有条件的自由发展。不幸的是，文化偏见对这种完整经验施加了限制。在发展过程中，女性被如此狭隘地定义，以至于她们经常会实现刻板印象。梅洛-庞蒂引用司汤达（1957年）的话写道："司汤达表明，女性'天性'的特征是女性所处的历史和教育风格的结果……'所有生为女性的天才都丧失了人性'。"（CPP 377）由于越来越多的女性发现自己对世界的自然探索受到限制，她们的自由减少了，与生俱来的开放倾向也消散了。这种两性不平等的影响远远超出了对女性发展的负面影响。它影响到整个文化。

梅洛-庞蒂没有把性别发展看作是由生理规定的，而是引用了波伏娃的观点，波伏娃本人也重申了司汤达关于女性的观点。梅洛-庞蒂讲道，波伏娃主张建立一个让女性重新融入的社会。这不仅有利于女性，促进平等，实际上也有利于整个社会。失去了一半人口的创新精神、创造力和生产力，只会让我们的世界变得黯淡无光。波伏娃主张，文明应"包括妇女重新融入生产性社会，并应摒弃男性压迫。社会应利用迄今为止'已被历史遗忘'的所有女性价值"（*CPP* 90）。

梅洛-庞蒂确实认为，男女差异和儿童与成人的差异一样，是社会围绕其建立起来的普遍二分法。虽然不同的社会在理解、解放、压迫、控制和监督男女两极时会有不同的方式，但任何社会都不会抹杀它们的相关性。它们为文化的偶然性内容及其与环

## 第六章 文化、发展与性别

境、历史和社会力量的关系提供了一种结构。梅洛－庞蒂在讨论戈尔茨坦时强调，概述性别差异的生理特征就是不理解性别差异。有机体在环境中的行为总是超越那些组成成境的事实。对生物体所处的社会世界进行分析是非常有价值的，这就要求我们关注非物理成分，我们会发现性别认同和性行为（sexuality）并不是生物因素的直接产物。然而，这些生物元素，这里指的是性别差异，确实是构成有机体的事实。区别在于，它们并不能最终解释有机体的本质。

性别差异是任何社会规范的构成要素，这是既定事实。这些规范的形式是偶然的。当我们看梅洛－庞蒂对玛格丽特·米德（Margaret Mead, 1971）人类学研究的分析时，我们会发现一种"多元文化"的方法。每个本土社会都有自己解释性别差异和证明性别角色合理性的方法。我们发现，尽管所有社会都以特定的方式对性别差异做出反应，但它们都保持着男性－女性的二分："正如我们在这个社会中所发现的，母亲与儿童之间的关系、自己与陌生人之间的关系，以及一般的人际关系，都是我们发现男性－女性关系的组织的一部分。"（*CPP* 308）陈规定型观念反映了特定文明如何看待性别差异：它们并不揭示本质特征。"我们没有理由谈论'男性'和'女性'，因为每种文明都根据其存在方式，阐述了与某种女性特质（femininity）相关的某种男性特质（masculinity）。但是，在任何一个社会中，我们都会发现性别刻板印象。"（308）建立在生理差异基础上的刻板印象是常态，但刻板印象的具体表现是灵活的。因此，心理实验"发现"

女性害怕愤怒的手势，并不一定是发现女性更软弱或更容易受到威胁。我们要问的是，对女性角色的刻板印象是如何促成这种行为的？

为了讨论健康的身体发展，梅洛-庞蒂再次回到了波伏娃的《第二性》一书。他讲道："发展的本质是重建（restructuration），通过重建，在实现一种新的生活类型时，身体的崭新的处境将会出现。"（CPP 222）只要我们能够自由地适应新的生活方式，我们就有希望找到健康的方式来结构化我们的经验。在"正常"发展和"正常"具身性的不公正的刻板印象与本真的、健康的具身性发展之间的角色是什么？我们对不断变化的身体所经历的挫折主要是由原则上可以改变的社会规范造成的，还是说其中一些不和谐是具身化的生命所固有的？这些问题的答案并没有以任何完整的形式出现在索邦大学的讲课稿中，尽管许多文本似乎都支持这样一种观念，即在适当的情况下，正常、健康的发育是可能的。在关于月经的讨论中，梅洛-庞蒂认为文化规范可能会影响年轻女性对新的身体状态的抗拒。在讨论怀孕所经历的匿名的、原始的"生命秩序"时，我们发现了自我意识主体与广义生命之间的紧张关系。我们是应该把自我意识主体视为需要克服的文化偏见，还是无论社会世界的条件如何，某些具身性的紧张关系依然存在？"异化"或"分裂"是怀孕经验的本质，还是这种感觉本身就是狭隘的身体、自我和完整性概念的产物？下一节将探讨当代对性别与妊娠现象学的评价。

## 第六章 文化、发展与性别

**当代女性主义观点**

尽管梅洛-庞蒂对希望解决西方哲学中的重要空白——怀孕问题的现象学家们很有吸引力,但梅洛-庞蒂却因其性别中立的现象学而受到批评。他的论述被认为忽略了具身经验中的重要差异,因此未能充分把握这些经验。琳达·费舍尔(Linda Fisher, 2000)总结了这一批评:

> 如果不能认识到自己的描述忽略了女性经验的特殊性,如怀孕的具身性,那么这种论述就暴露了一种潜在的(男性主义)假设,即通用的(男性)论述设定了标准,涵盖了所有的可能性,并以这种方式削弱和边缘化了女性的经验和观点。(24)

强调女性具身差异的女性主义作品表明,梅洛-庞蒂的作品似乎缺乏对不同性别经验的思考。诚然,他最著名的作品并不包含对性别经验的细致比较。但我在上文和其他地方(Welsh, 2008)已经论证过,他在儿童心理学和教育学方面的讲座确实认真仔细地探讨了怀孕的体验。

香农·沙利文(Shannon Sullivan, 1997)以批判的视角指出,梅洛-庞蒂和其他现象学家未能准确地描绘我们真实的存在状态,因为他们用性别中立的术语来描述身体。除非梅洛-庞蒂描述的是病态的身体状态,如施耐德的病态,否则《知觉现象学》中的身体并没有区分性别的特征。这反映了西方哲学传统的延续，即假定普遍经验的存在，从而消除了对差异的细致讨论。沙利文声称，梅洛－庞蒂的身体超越了"性别、性、阶级、种族、年龄、文化、国籍、个体经历和教养等"的规定性影响，因此他的身体概念成为了"唯我论主体的独白"。费舍尔（Fisher，2000）回顾了同样的论点：

> 因此，有观点认为，活生生的经验，尤其是身体活生生的经验，不能用一般的分析方法来处理：身体是有性别的，个体是有性别的，这是众所周知的女性主义对性和性别的区分。这就指出了现象学所忽视的女性经验不可还原的特殊性。(21)

梅洛－庞蒂在《知觉现象学》中的研究确实关注的是它最著名的具身化问题本身，而不是历史、阶级、语言、种族和性别的影响。一位女性主义者担心梅洛－庞蒂最著名的作品中缺乏对女性经验的关注，她是否发现自己的任务是通过延续梅洛－庞蒂作品的精神（如果不是实践的话）来纠正这一问题，或者她现在需要质疑现象学的全部？

一个结论是，梅洛－庞蒂现象学并不存在**原则上的**（in principle）问题，而是梅洛－庞蒂的**执行**（excution）问题。梅洛－庞蒂在《知觉现象学》中所概述的是一种探索性别经验的宝贵方法，尽管他未能完成这一任务。盖尔·魏斯（Gail

Weiss，2002）和西尔维娅·斯托勒（Silvia Stoller，2000）还指出，沙利文对梅洛-庞蒂的批评是基于严重的误读。沙利文将梅洛-庞蒂对"匿名"的讨论等同于"中性"，然后批评梅洛-庞蒂提供了一种性别中立的，因而对具身性不敏感的分析。斯托勒和魏斯指出，梅洛-庞蒂确实提供了考虑种族、阶级和性别的空间。他的整个研究方法都深深地体现了考虑情境复杂性的必要性，而不是将身体视为漂浮在环境背景之上的"中性"实体。因此，"说一种经验是匿名的，并不等同于说它是普遍的或跨历史的"（Weiss 2002，194）。[1]

梅洛-庞蒂作品的前景自然激发了女性主义现象学家的灵感，因为他对活生生的经验的研究方法与胡塞尔的离身的（disembodied）、普遍化倾向背道而驰。约翰娜·奥克萨拉（Johanna Oksala，2006）指出：

> 大多数女性主义者对现象学的诠释都选择了梅洛-庞蒂式的版本，其前提是向先验意识的完全还原是不可能的。这通常被解释为现象学研究必须关注生活的身体，而不是先验的意识。(231)

女性主义理论对生活身体的关注使人们注意到，"一刀切"（one

---

[1] 尤其令人费解的是，香农·沙利文怎么会认为，梅洛-庞蒂作为《人道主义与恐怖》（*Humanism and Terror*, 1947）和《辩证法的历险》（*Adventures of Dialectic*, 1955）等众多政治学著作的作者，在其分析中没有认真考虑历史状况。

size fits all）的现象学如何辜负了它真正从经验出发的承诺。事实上，对我们经验的仔细关注会揭示出我们的性别如何影响我们的认知、我们的主体间生活以及我们与世界的相遇。

艾里斯·玛丽恩·杨（Iris Marion Young）的《像女孩那样丢球》（"Throwing Like a Girl"，1990b）是女性主义学术研究中最著名的作品之一，它源于梅洛-庞蒂，也是对梅洛-庞蒂的回应。在这篇文章中，杨指出，由于女性在社会中的成长、价值和地位，女性的具身性"展现出一种**含混的超越性**、一种**被抑制的意向性**，以及一种与周围环境**不连续的统一性**"（147，强调为原文所加）。我们被社会化了，而不是把世界当作我们的剧场，毋庸置疑地将身体伸向世界，占据空间。取而代之的是，我们在完成行动之前质疑自己的行为；我们担心自己的外表，担心自己的行为是否可以被接纳，因此，我们在身体存在的过程中变得呆板和不自在。杨的作品向我们展示了一种对我们的身体进行文化、历史和社会现象学分析的方法。

关于梅洛-庞蒂和怀孕的最著名的讨论之一并非来自他本人的著作，而是来自露西·伊里格瑞（Luce Irigaray）在《性差异的伦理学》（*The Ethics of Sexual Difference*）一书中的论述。在这本书中，伊里格瑞将她对哲学史的思考与梅洛-庞蒂联系起来，认为梅洛-庞蒂没有意识到他的现象学的真正意义。梅洛-庞蒂的视觉中心主义使他对于"子宫内的生命"是"盲目的"（1993，152）。梅洛-庞蒂所说的"生命的秩序"可以用伊里格瑞的语言来理解，即哲学需要回溯并重新考虑其在前推论经验（prediscursive experience）中的诸根基：

> 我对哲学史的解读和阐释与梅洛-庞蒂的观点一致：我们必须回到前推论经验的时刻，重新开始一切，重新开始我们理解事物、世界、主客体划分的所有范畴，重新开始一切，并在"一束光的神秘之处停顿下来，这束光既熟悉又无法解释，它照亮了其余的一切，但它的源头仍然是晦暗不明的。"（1993，151）

伊丽莎白·格罗斯（Elizabeth Grosz，1994）讨论了伊里格瑞是如何向我们展示梅洛-庞蒂欠缺关于女性和母性讨论的模式的，因为触觉是在突出视觉。梅洛-庞蒂的概念基础就建立在"女性特质和母性之上，这种欠缺的征兆就在于他不断引用怀孕的语言来阐明肉身内部扭曲的出现，这种扭曲构成并统一了能见者（the seer）和可见者（the visible）"（Grosz 1994，107）。因此，怀孕的经验不仅是现象学可以而且应该讨论的一个主题领域，而且是现象学筹划的核心。

伊里格瑞通过关注"母性化的肉身"（maternalizing flesh）这一前推论经验，将子宫内的经验引入到我们的想象之中。我们所有经验的共同点可以被视为对梅洛-庞蒂所概述的现象学主题的批判性扩展。这种对我们活生生的经验的心理分析拓宽了现象学的范围，因为它要求我们不仅要讨论孕妇所处的历史、文化、社会和政治环境，还要考虑到孕妇经验的发展性阐释，包括传统现象学方法无法揭示的冲突。

在伊里格瑞和其他女性主义者对梅洛-庞蒂哲学的吸纳中，我们发现了一个共同的主题，即梅洛-庞蒂的作品中蕴含着更细致入微的关于经验的哲学之种子。他没有看到或没有足够长的生命时间来实现自己思想的承诺。伊里格瑞指出，梅洛-庞蒂拒绝看到肉身是如何置身于"母亲的、母性化的肉身之中，是羊膜组织、胎盘组织的再现和生存，而羊膜组织、胎盘组织在出生之前就包裹着主体和事物，或者是柔情和环境——它们构成了婴幼儿和成人的氛围"（1993，159）。因此，我们不是将主体视为与其他同类生命共存的具身存在，而是将其视为主体、感知、可见性和不可见性等范畴背后的存在连续体的一部分。

妊娠现象学揭示了我们产前生命的历史事实是如何具有哲学意义的。我们在子宫内的生命并不是自主的或离散的。任何关于人类主体的论述都必须重新考虑其将人类生命视为独立的单子的说法。梅洛-庞蒂关于混沌社交性的论述在当代关于怀孕的语言中具有很强的双重性。怀孕使人回到没有自我-他人界限的早年的原初经验。

杨的作品《妊娠具身》（"Pregnant Embodiment"，1990a）是"从怀孕主体的视角"出发的（160）。在这篇作品中，她发现自己的主体性出现了分裂：她的内心活动属于另一个存在，她的身体界限在多重转变中发生了变化。这种分裂造成了自我的透明统一性的破坏。从这一描述出发，杨回到了梅洛-庞蒂在《知觉现象学》中的理论，梅洛-庞蒂承认为我们提供了一种具身

## 第六章 文化、发展与性别

的而非二元论的视角；然而，正如杨所指出的，这种具身的自我仍然是一个统一的自我（162）。杨强调了怀孕如何破坏了"我身体的完整性"，因为"在怀孕期间，我无法确定我的身体在哪里结束，世界在哪里开始"（163）。当怀孕的腹部顶着她的双腿时，杨意识到了这个身体，意识到它不再完全属于自己。她反对梅洛-庞蒂关于这种身体的客体化是否定性的说法。相反，她认为在这样的时刻，她的身体并没有成为一个客体，而是"意识到我身体的物理性，不是作为一个客体，而是作为我在运动中的物质重量"（165）。

杨呼吁将朱莉娅·克里斯蒂娃（Julia Kristeva）、雅克·拉康和雅克·德里达（Jacques Derrida）的作品作为解释分裂主体的更好模板。重要的是，杨的论述虽然与这些解构主义和精神分析关于分裂主体的论述部分一致，但并非源于对现象学能够接受分裂主体的否定，而是源于现象学描述本身。杨并没有像许多后结构主义者和精神分析理论家那样，将现象学视为与主体自我封闭、自我意识和统一的模式固有地联系在一起，而是在孕妇的经验中发现了一个不只是主体的主体（a subject who is not just a subject）。杨写道，孕妇既是"创造进程的源泉，也是创造进程的参与者"（167）。因此，杨的作品将她引向了梅洛-庞蒂所说的"生命秩序"和"混沌社交性"，或者伊里格瑞所说的"前推论的经验"。罗莎琳·迪普罗斯（Rosalyn Diprose，1994）认为，杨的研究表明，"回到我们正在讨论的身体，怀孕涉及身体能力、形态和质地的深刻变化，以及随之而来的身体觉察的转变。

然而，正如艾里斯·杨所言，怀孕与其说是自我结构的崩溃，不如说是自我边界的扩展"（115）。这与梅洛－庞蒂的观点相似，即"生命的秩序"并不是与自我对立的东西，而是自我发现自己所在的地方。

其他的妊娠现象学倾向于将分裂的术语表达最小化，认为它过于还原和消极，而倾向于积极地看待自我与他人以及自我与世界之间界限的崩溃。例如，盖尔·韦斯（Gail Weiss，1999）在谈到自己的怀孕经历时写道，这种经历不是被矛盾所定义，而是被扩张所定义："流动性和扩张性，而不是整体性和封闭性的神话（我不相信我们中的任何一个人，无论是男性还是女性，曾经真正体验过这种神话），是这种新发现的身体完整性的具体表现。"（53）同样，卡罗尔·比格伍德（Carol Bigwood，1998）在讨论她的怀孕经验时认为，梅洛－庞蒂的身体现象学恢复了"非文化、非语言的身体"（101）。她呼吁将"世界－大地－家园"作为这种非个人身体的（nonpersonal body）场所。

和许多受梅洛－庞蒂影响的女性主义理论家一样，比格伍德不同意朱迪斯·巴特勒（Judith Butler）在《性别麻烦》（*Gender Trouble*，2006）中对身体的描述，即身体是文化符号。比格伍德承认巴特勒"认为不存在'纯粹'的身体或在文化之前的、未经触碰的自然"（1998，105）的观点是正确的。但比格伍德批评巴特勒犯了相反的错误，因为她断言某种"纯粹"的文化始终存在。"女性怀孕、分娩和哺乳的经验敏锐地展示了女性身体的智慧和肉身的开放性，这种智慧和开放性与母亲的个人生活和文化

## 第六章 文化、发展与性别

生活交织在一起。"(110)将目光转向我们的日常经验,我们会发现"非个人的感知实存,它是我们个人文化的和理智生命的基础,并与之交织在一起"(108)。

从孕妇经验出发的妊娠现象学表明,人类主体并不一定是无性别或统一的。相反,我们发现一个主体要么像杨所描述的那样,是"分裂的",要么像比格伍德和韦斯所描述的那样,与更大的生命连续体相连。这些描述似乎发展了一种观点,即仅把人类主体描述为自主的、理性的、无性别歧视的、统一的和离散的,在哲学上是不充分的。相反,我们的经验是建立在一种连续的、不确定的、前推论的经验之上的,这种经验影响着所有的个体经验。许多人认为,女性主义具身性理论在妊娠现象学方面的工作实现了梅洛-庞蒂在其遗著《可见与不可见》(*The Visible and the Invisible*, 1968)中对"肉身"和"野性存在"的承诺。格罗斯(Grosz, 1994)在解释这些观点的重要性时写道,我们可以在梅洛-庞蒂身上找到"一种'野性的存在',一种未经培养的或原始的感性",而这种"野性的存在"存在于"在反思的叠加之前,在元经验组织的强加和理性的编纂之前"(96)的前推论的经验之中。我认为,我们在他的索邦大学演讲中也看到了这一点,在那里,混沌的早期生活被认为我们主体间生活的主要和原初本性。

即使我们一开始就对社会、政治和历史力量构建我们的身体的多种方式做出更敏感的解释,我们似乎仍然在提供一种适用于所有人类经验的一般性理论,因此似乎又回到了一般性的描述。因此，性别成为了一种额外的关注，我们将其添加到之前的哲学概念中，比如克服二元论的方法就是将身体添加到我们关于主体是什么的已有限定中。如果这就是对性别问题有敏感认识的学术研究对现象学的贡献，那么它的贡献也不小。毕竟，为性别经验提供完整的现象学论述并不是一项小任务。然而，女性主义现象学家和妊娠现象学的愿望显然是主张经验的特殊性，而**反对**一般现象学家的倾向，即把所有批评都视为现象学需要探索的其他领域的建议而已。

虽然子宫内的经历是一种常见的经历，但怀孕是一种特别难以被普遍化的经历，因为这种经历对男性来说是被排除在外的，而且也并不是每个女性生命的一部分。奥克萨拉（Johanna Oksala）认为，怀孕让我们"有必要重新思考一些基本的现象学问题，比如纯粹本质现象学的可能性和自我学的意义构建的局限性"（2004，17）。梅洛-庞蒂显然没有通过自己的怀孕具身性来揭示"生命秩序"这一具有启发性的观点。波伏娃在讨论妇女的处境时写道："最富有同理心的男性也无法完全理解女性的具体处境。"（1989，xxxii）一个从未有过怀孕经历的人能够理解怀孕具身性的具体实在吗？

许多经历即使不是不可能，也很难传达给没有经历过的人。亲人离世、乘坐飞机、产生幻觉、皈依宗教、与慢性疾病作斗争，这些经历似乎都需要亲身体验才能真正理解。对于没有经验过幻觉的人来说，似乎没有足够多的与普通经历相似的经验来勾勒出幻觉的"样子"。怀孕不仅可能扩展我们对原初觉察的本性的现象学概念,还可能表明某些经验不在现象学探究的范围之内。这可能会要求我们拒绝那些声称是人类经验的一般现象学的现象学,而持有这样的观点,即现象学只能与有限的群体相关——无论是性别群体、文化群体,还是活生生的经验群体。

梅洛-庞蒂接受差异,但并不假定它对细心的哲学家或心理学家来说是禁区。与其认为妊娠驳斥了现象学的范围,不如说妊娠现象学的语言本身要求我们**修正**而不是拒绝我们的研究进路。魏斯(1999)写到,她在怀孕期间感受到的是一种"流动性和广阔性",而不是"整体性和封闭性"(53)。她还煞有介事地评论说,她不相信我们任何人,无论男女,都能体验到整体性和封闭性。怀孕的真相是更深的、全人类的真相,而我们的语言和历史倾向于将人类经验视为主体性的、统一的、自我封闭的领域,这掩盖了怀孕的真相。

女性主义现象学为我们提供了一种承认不同经验相关性的方法,但也有人提出这样的问题:它是否足以充分解决社会、政治、文化和语言背景的问题?对具身性的关注是否会导致对这些问题缺乏认真的探讨?这种担忧可能有两个方面。其一,如果没有现象学,我们就无法**诊断**(diagnose)女性身体被构建的方式。如果不关注性别和权力关系如何塑造我们的经验,我们就无法正确理解我们的身体。另一方面,没有现象学,我们就无法**治愈**(cure)性别失衡。

伊丽莎白·格罗斯在《多变的身体》(*Volatile Bodies*)一书中探讨了这一矛盾。对具身性的详尽探讨,即使不能完全揭示,至少也会部分揭示政治、文化和社会的紧张关系。如果不考虑女性的身体是如何被改造、约束、赞美和指责的，就不可能讨论女性的具身性。正如苏珊·波多（Susan Bordo）的《无法承受之重》(*Unbearable Weight*, 1995)等大量文献所记录的那样，在西方，当代女性的身体被客体化，并通过对体型的细微监测（micropolicing）而被操控。格罗斯还探讨了这样一个概念，即不仅关于身体的讨论不可避免地要讨论权力、政治和知识，而且从经验出发的现象学筹划也是如此。"但很显然，经验不能被视为一种不成问题的所予，一个人们可以通过它来评判知识的立场，因为经验当然是与各种知识和社会实践相联系的，也是由各种知识和社会实践所产生的。"（1994，94）格罗斯继续指出，需要一种关于经验的现象学来为挑战任何特定知识或制度提供出发点。"然而，我认为，如果不承认经验在知识的建立中的塑形作用，女性主义就没有理由对父权规范提出质疑。"（94）

通过阅读艾里斯·玛丽恩·杨的《像女孩那样丢球》（1990b）和《"像女孩那样丢球"：二十年后》（"'Throwing Like a Girl': Twenty Years Later", 1998），我们可以看到一个著名而清晰的例子，说明我们可以在探索具身化的同时不忽视社会、政治和文化世界。《"像女孩那样丢球"：二十年后》举例说明了社会进步如何积极改变了女性的形象。杨指出，她的女儿在《像女孩那样丢球》问世两年后出生，她的身体行为发生了很大变化。"在我看来，她和她的朋友们在行动和行为上比我们这一代的许多人更加开放、更加坦率、更加积极自信。"（1998，286）杨在投球时的犹豫不决与她女儿对运动的积极享受相对比，表明了具身现象学绝非一成不变。杨评论说，她最初的作品可能认为女性太受压迫，太被物化，太"压抑、犹豫、拘束、被凝视和定位"(289)。杨承认，她在《像女孩那样丢球》中的描写强调了女性受到限制的方式，以及根据普遍的男性标准对女性进行评判的方式，她写道，人们"也可以寻找女性经验中特别有价值的方面"(289)。正是女性经验中这些有价值的方面为摒弃限制性结构提供了政治基础。尽管杨承认对女性经验的探索可能有助于实现我们的政治目标，但她也强调，"女性主义的首要任务必须继续是揭露和批判很多女性作为女性所遭受的暴力、过度劳累和性剥削"(289)。要纠正压制性的制度和令人窒息的社会规范，从理智上的离体立场来理解不公正并不总是充分的。我们必须了解具身化的影响，以及新的共存方式将如何为所有人带来更大的生活可能性。

许多人认为，梅洛-庞蒂的现象学对具身化的关注更好地兑现了现象学作为描述性哲学的承诺。需要考虑阶级、历史、性别和种族的论点，并不是从外部强加给现象学的政治原则；相反，任何细致的现象学讨论都表明，现象学的理想倾向是进行更具历史性和政治进步性的分析。上述讨论表明，女性主义具身理论关注现象学描述的差异，并力图避免将具身经验浓缩为自然主义的、非政治的模式。虽然梅洛-庞蒂在自己的文章或讲座中并没有完整地表达这一观点，但可以肯定的是，他一直在努力寻找一种模式，以接受身体在嵌入社会政治世界的过程中，发展是始终在发生的。

虽然修正主体的概念，使之更加具身化和更具包容性的想法和梅洛-庞蒂在《知觉现象学》中的传统不谋而合，但它似乎并没有完全捕捉到**怀孕**具身化的独特性。毕竟，我们似乎可以通过各种各样的经验得出这种相互关联的结论。我们可以和奥克萨拉（2004）一起发问，从这个角度来看，女性主义的关于怀孕与分娩现象学是否只是"为现象学筹划添加了一些缺失的具身性的描述"，但却未能"以任何本质的方式改变其核心"？（17）它们未能应对女性主义哲学对传统的挑战。

琳达·费舍尔（Linda Fisher）写道，女性主义现象学试图超越"一般的人类经验"。"现象学的目标是提供关于本质或基本结构的描述，因此它倾向于一般描述，将一般经验视为与一般人类个体相关的经验。"（2000，20）费舍尔继续指出，这往往被那些希望解决差异、不平等和压迫问题的女性主义者视为问题所在。当怀孕的特殊性被剔除，人们得出一个关于我们与世界和他人联系的一般现象学结论时，我们似乎只是通过不同的来源回到了一般现象学。

因此，格罗斯（1994）和迪普罗斯（Diprose，1994）等思想家们运用具身性理论，并不是将其作为社会、历史、政治和文化力量的偶然性之外的"自然"场所，而是将其作为我们可以看到女性从属地位如何在女性（和男性）的具身性中展现出来的场所。同样，奥克萨拉（2006）告诫我们要警惕女性主义理论中某种梅洛-庞蒂式的具身理论的危险，她称之为"身体解读"（corporeal reading），因为它将现象学归结为一种本质论

(essentialism)。它有可能"将我们推回到捍卫一种身体本质论的形式，而这种本质论有可能排除对妇女处境的政治变革"(232)。在身体解读中，对身体的关注使其脱离了关于性别的更为复杂的社会政治理解："事实上，对身体的关注只是一个过于有限的框架，无法支持关于性别的哲学理解。"(232) 我认为，从人类发展的角度探讨怀孕问题，要求我们超越静态的身体概念，从而克服奥克萨拉提出的上述反对意见。

现象学传统表明，研究怀孕的具身性可以扩展我们对存在的理解。关于整体性和封闭性的神话可能源于对分离性的过度预设，或者至少是对非实体心灵的首要性的过度预设。一旦将二元论抛诸脑后，对日常经验的关注就会发现，我们无法将"心灵"从活生生的身体中分离出来。转向我们的具身存在，我们会发现我们的基本经验与世界的其他部分和其他人类的其他部分更加连贯。我们可以修正传统观念，即通过自主的、理性的、无性别的、统一的和离散的心灵特征来定义人类主体，并探索一种通过其存在的、具身的和全人类的经验来定义的主体。

梅洛-庞蒂写到，将任何经验都视为机器般的物理身体和灵魂般的心灵的结合，是我们的哲学和科学都要彻底拒绝的。实体二元论是错误的这一论点并不新颖，也很少受到重视。大多数愿意考虑现象学相关性的思想家们几乎都会同意，心灵和身体并不是两种形而上学意义上截然区分的实体。梅洛-庞蒂的具身化理论指出，超越二元论意味着回归存在，而不是将身体视为心灵的附加物。"灵魂与身体的结合并不是主体与客体这两个相互外在的关联项之间的混合,也不是通过任意的法令而产生的。它是在实存的运动的每一瞬间之中实现的。"(*PP* 88-89)如果克服二元论的意义仅仅在于我们需要说心灵与身体是相关联的,那么我们不需要比笛卡尔走得更远,因为他在第六个"沉思"中指出了两者关联的复杂性。具身理论的观念并不仅仅是在人类主体的基本特征列表中增加"有身体"这一项,而是暗示具身先于所有其他特征。怀孕就是一个明显的例子,它指出妊娠现象学表明了具身性高于自我封闭的心灵体验,并提醒我们,我们的最初经验是在子宫中的,并且和我们的母亲密不可分。

## 结论　无与伦比的童年

或许，我们的原初经验也是从历史上来看的原始经验这一论点是一种毫无根据的浪漫主义。梅洛-庞蒂的描述不仅想唤起人类存在的这一早期要素，而且还想"赞美"童年，因为它揭示了我们真正沉浸于世界之中。使我们脱离根本的混沌本性的可能不是别的，而是我们在走向成熟的过程中日益融入的社会-文化-语言世界。孕妇、儿童、艺术家和诗人让我们回到与世界的真正联系中，而文化和历史的多样性正是源于此。从表面上看，这似乎是在重复浪漫主义精神的经典主题——儿童、诗人和女性由于没有沉浸在文明之中，所以更能"接触"现实。诗人、画家和音乐家将是我们摆脱现代社会的束缚和非自然影响的救星。梅洛-庞蒂坚持童年经验的重要性，我们可以从他的个人经历中找到答案。萨特回忆道：

> 1947年的一天，梅洛告诉我，他从未从无与伦比的童年中恢复过来。他知道那个私人的幸福世界，只有年龄才能把我们赶出这个世界……如果不是这个失落的天堂，他

> 又曾是什么？——这个狂野且不配享有的幸运，一个无偿的馈赠，却在堕落之后变成了逆境，使世界荒芜，使他提前幻灭。(1965，228)

梅洛-庞蒂是否希望通过自己的哲学回到童年？通过夸大童年经验的价值，他是否渴望肯定自己"无与伦比"的童年？

梅洛-庞蒂确实为我们提供了一个关于童年的全面而积极的论述。但他绝没有忽视幼儿期的冲突，也没有主张回归幼儿期。他并没有说主体只是一种副现象，应该被抛弃，转而追求一种无主体的存在状态。然而，我们必须小心谨慎，不要认为主体及其历史是我们存在的**唯一**历史。我们必须质疑，主体的历史是自我奠基的，还是如前所论，奠基于更初级的经验？梅洛-庞蒂以自己的方式继承了胡塞尔的"从事情本身开始"（beginning with the things themselves）的传统。以经验为起点和终点，需要一种不把任何哲学假设视为理所当然的方法。原始经验，无论是在梅洛-庞蒂那里被视为混沌的社交性，还是在加拉格尔和斯塔沃斯卡那里被视为互动的和对话的经验，都为哲学提供了一个非思辨性的（nonspeculative）基础，它仍然是关于人类境况的存在主义方法的一部分。我们必须回到作为心理物理和历史存在的主体，以克服以往哲学的偏见。这项研究的一部分就是要追问：个体发生的（ontogenetic）叙事在多大程度上影响和塑造了我们的哲学和心理学。

在这种不预设哲学有能力提出普遍真理的存在主义方法

中，有两种意识形态出现了，它们可能是危险的。第一种是科学所扮演的角色。如果我们的任务是从此时此地开始，从具身化的主体开始，那么我们难道不应该求助于正确构想的科学吗？科学的儿童心理学难道不能更好地捕捉发展中的儿童的真实状况吗？如果我们承认哲学的问题在于其对唯心主义理论的先入之见，那么科学似乎就是充分的和完全的存在主义。另一种是相对主义。既然"此时此地"的情况千差万别，把统一的理论强加于这种多样性之上，这难道不是最大的偏见吗？为什么要假设所有的童年在结构上都大致相同呢？也许文化条件塑造了我们的经验，以至于我们甚至无法知道原始存在的基本特征是什么。

　　梅洛-庞蒂的原初的和根本的经验理论并没有否认这些批评的重要性，而是回应了这些批评。显然，每个人的社会、文化和历史处境都不尽相同，而且，科学对于我们进一步了解人类境况也是不可或缺的。然而，科学方法永远无法捕捉人类境况的现象学。它永远无法把握经验中的世界，而正是通过经验中的世界，科学才找到了自己的起源。当我们研究我们是如何被抛入这个世界的时候，我们会发现不仅物理条件是相关的，而且我们的出生是所有经验的可能性条件。在此，我们要论证的是，对于哲学而言，出生的条件以及随之而来的成长比之前的假设更为关键。

　　此外，文化相对主义与科学心理学一样，依赖于一种在上帝视角中的实存。我站在与自身经验脱节的立场上，注意到不同群体之间的文化差异。我回到这个世界，宣布不可能形成任何连贯的经验理论。在梅洛-庞蒂看来，一幅儿童的绘画所揭示的关于我们与具身化的自我和世界的本质联系，要多于那些将我们与任何共同经验的隔绝断言为普遍真理的理论。文化差异确实存在，但所有的文化差异都产生于同一个世界。最后，我们要指出梅洛-庞蒂儿童心理学的主题如何在他后来的哲学著作中获得重生。

梅洛-庞蒂生前完成的最后一篇文章《眼与心》（1964b）探讨了他关于绘画、创作和感知的一些最具启发性的想法。成年的画家回到了儿童的经验，回到了儿童的诞生，回到了存在的诞生："可以说，人出生的那一刻，母体内的某些东西实际上是可见的，但同时它本身和我们又是可见的。画家的视觉是一种持续的诞生。"（1964b，167-168）绘画唤起我们与世界的亲密接触；它阐明了一种形而上学。这种形而上学揭示了我们在生活中遇到的具有文化偶然性的观点、意见和争论的多元性基础：

> 我们心目中的形而上学并不是一套可以在经验领域中寻求归纳理由的分离的观念（idées séparées）。在偶然性的肉身中，有一种事件结构和一种情景特有的品质。这些并不妨碍解释的多元性，事实上，它们正是这种多元性的最深的理由。(1964b，179)

塞尚因在其作品中表达了无法通过其他方式表达的真理而备受赞誉。艺术创作不是对世界的拒绝和对幻想生活的接受，而是对世

结论　无与伦比的童年

界的创造性参与。

　　梅洛-庞蒂回到了他二十年前在《行为的结构》一书中对科学心理学和批判哲学的否定，他写道："只有画家才有权观察一切，而不必对他所看到的进行评价。"（1964b，161）判断需要限定和声明；判断要求我们将自己视为独特的、局部的主体性（distinct，local subjectivities）。它们强调我们的身体是被观看和评判的对象，就像镜子里的影像一样，并将我们从活生生的经验中剥离出来。我们的教育训练我们将自己与他人和世界分离开来，将其分解为各个组成部分并加以分析。相反，在绘画中，我们看到的是"感觉与被感觉的不可分割性"（1964b，163）。在梅洛-庞蒂看来，我们必须努力捕捉视觉和生命中这一看似自相矛盾的方面，在这里有一种"外部的内部"和一种"内部的外部"（164）。

　　我们也许会回答说，像梅洛-庞蒂这样的人也能从塞尚身上看到这一点，但那是由于他所受的教育和所处的阶层，与他所探索的原初生活的共同基础相去甚远。当我们认为当代艺术"困难重重，与常识（common sense）背道而驰，这是因为它关注的是真理；经验不再允许它满足于常识所珍视的清晰直白的概念，因为它们能带来心灵的平静"（Merleau-Ponty 2004，49）。是常识的灌输使我们对现代艺术视而不见，而不是现代艺术必然是晦涩难懂且拒人于千里之外。常识判断假定世界可以划分为可测量的部分，就绘画而言，我们传统的西方绘画就是我们眼中的世界。感知现象学说明，我对世界的感知并不像一系列"现实主义"的绘画那样，因此现代艺术可以更真实地反映视觉，而不是更不真实。我们对前面所讨论的童年经验独特结构的关注，说明了除了"寻常的"意义（common sense）之外，意义的生成是如何以其他形式发生的。

画家能够发现我们经验的本质，因为她发现自己是所画事物的延续。画家将主体意识形成后受到干扰的存在的各个方面结合在一起。塞尚拒绝区分情感与视觉、自我与他人，这种孩童般的经验在他的画作中显露出来，在这里，"本质与存在、想象与真实、可见与不可见——一幅画混淆了我们所有的范畴，铺陈出肉身的本质、实际的相似、无声的意义的梦之宇宙"（1964b，164）。塞尚唤起"肉身本质"和"无声的意义"的能力，并非诉诸人类不朽的、灵魂般的实体，而是诉诸普遍的诞生条件，用海德格尔（1962）的话说，诉诸于人"被抛"到世界上的原始方式。

绘画作为一种"持续的诞生"，提醒我们再次审视婴儿与他人之间的不分（lack of division）。父母对儿童的体验和儿童对父母的体验并非来自两种分离的生命，而是来自相互的"生命秩序"（*CPP* 78）。正如梅洛－庞蒂在谈到混沌社交性阶段时所写的那样，他人的意图被视为自己的意图。梅洛－庞蒂在其遗作《可见与不可见》中进一步阐述了这些主题，宣称身体与世界并不分离，它们相互交融，消解了自我与世界之间的区别："既然世界是肉身的，那么我们在哪里为身体与世界划定界限呢？……被看见的世界并不'在'我的身体中，而我的身体最终也不'在'

可见的世界中：就像肉身应用于肉身一样，世界既不包围着我的身体，也不被我的身体包围。"（1968，138）肉身，就像婴儿期的混沌社交性一样，为我们呈现了一种经验的元素，它打破了传统的自我与他人、身体与世界之间的分离。

解读梅洛－庞蒂1952年之后作品中这些复杂主题的一种方法，是显示其在儿童心理学中的共性。这并不是要否认其他的灵感来源，而是要表明，梅洛－庞蒂后期的"本体论"概念与他早期的著作相一致，与他在二十世纪四十年代最初的著作中提出的观点是同样具体的、以经验为基础的。童年经验不仅是历史性地形成的，也萌生于一个人的每一次经验。后续的工作将有助于阐明乐于观察儿童心理学具体实验的哲学家，与认为可见者的中心是不可见者的哲学家之间的联系。

本书表明，梅洛－庞蒂的儿童心理学对于理解梅洛－庞蒂的思想非常重要，同时也是对哲学和心理学跨学科工作的有力补充。原初的主体间性和性别理论方面的当代研究与梅洛－庞蒂的人类发展方法进行了有意义的结合。他对儿童经验的强调仍然是一个恰逢其时的讨论，一个值得进一步研究的问题。我们应该继续研究人类发展理论，以更好地评估我们的原初经验是否有助于回答关于主体和我们前主体的起源问题。

# 参考文献

Anisfeld, Moshe. 1996. "Only Tongue Protrusion Modeling Is Matched by Neonates." *Developmental Review* 16, no. 2: 149–61.

Anisfeld, Moshe, Gerald Turkewitz, Susan Rose, Faigi R. Rosenberg, Faith Sheiber, Joseph Ger, and Iris Sommer. 2001. "No Compelling Evidence That Newborns Imitate Oral Gestures." *Infancy* 2, no. 1: 111–22.

Asendorpf, Jens B. 2002. "Self-Awareness, Other-Awareness, and Secondary Representation." In *The Imitative Mind: Development, Evolution, and Brain Bases,* edited by Andrew N. Meltzoff and Wolfgang Prinz, 63–73. Cambridge, U.K.: Cambridge University Press.

Beauvoir, Simone de. 1989. *The Second Sex.* Translated by H. M. Parshley. New York: Vintage. (Originally published in 1949.)

Bergson, Henri. 1944. *Creative Evolution.* Translated by Arthur Mitchell. New York: Modern Library. (Originally published in 1907.)

Bernet, Rudolf, Iso Kern, and Eduard Marbach. 1999. *An Introduction to Husserlian Phenomenology.* Evanston, Ill.: Northwestern University Press.

Bigwood, Carol. 1998. "Renaturalizing the Body (with the Help of Merleau-Ponty)." In *Body and Flesh: A Philosophical Reader,* edited by Donn Welton, 99–114. London: Blackwell.

Bloom, Paul. 2004. *Descartes' Baby.* New York: Basic Books.

Bordo, Susan. 1995. *Unbearable Weight: Feminism, Western Culture, and the Body.* Berkeley: University of California Press.

Brunschvicg, Léon. 1922. *L'expérience humaine et la causalité physique.* Paris: Alcan.

Butler, Judith. 2006. *Gender Trouble.* New York: Routledge.

Butterworth, George. 2000. "An Ecological Perspective on the Self." In *Exploring the Self: Philosophical and Psychopathological Perspectives on Self-Experience,* edited by Dan Zahavi, 19–38. Amsterdam: John Benjamins.

Castillo, Marcela, and George Butterworth. 1981. "Neonatal Localisation of a Sound in Visual Space." *Perception* 10: 331–38.

Claparède, Édouard. 1998. *Experimental Pedagogy and the Psychology of the Child.* Translated by M. Louch and H. Holman. Bristol, U.K.: Thoemmes. (Originally published in 1909.)

Damasio, Antonio R. 1994. *Descartes' Error: Emotion, Reason, and the Human Brain.* New York: Avon.

Davies, Martin, and Tony Stone. 1995. *Mental Simulation: Evaluations and Applications.* London: Blackwell.

Dawkins, Richard. 1976. *The Selfish Gene.* Oxford: Oxford University Press.
Dennett, Daniel. 1991. *Consciousness Explained.* Boston: Back Bay Books.
Dennis, Wayne. 1973. *Children of the Crèche.* Norwalk, Conn.: Appleton-Century-Crofts.
Descartes, René. 1991. *Meditations on First Philosophy.* In *The Philosophical Writings of Descartes, Vol. 2,* translated by J. Cottingham, R. Stoothoff, and D. Murdoch, 1–62. Cambridge: Cambridge University Press. (Originally published in 1641.)
Deutsch, Hélène. 1944–45. *The Psychology of Women: A Psychoanalytic Interpretation.* New York: Grune and Stratton.
Dillon, M. C. 1997. *Merleau-Ponty's Ontology.* Evanston, Ill.: Northwestern University Press.
Diprose, Rosalyn. 1994. *The Bodies of Women: Ethics, Embodiment and Sexual Difference.* London: Routledge.
Doherty, Martin J. 2009. *Theory of Mind: How Children Understand Others' Thoughts and Feelings.* New York: Psychology.
Fink, Bruce. 1999. *A Clinical Introduction to Lacanian Psychoanalysis: Theory and Technique.* Cambridge, Mass.: Harvard University Press.
Fisher, Linda. 2000. "Phenomenology and Feminism: Perspectives of Their Relation." In *Feminist Phenomenology,* edited by Lester Embree, 17–38. Dordrecht, Netherlands: Kluwer.
Freud, Sigmund. 1905. "Three Essays on the Theory of Sexuality." In *The Standard Edition of the Complete Psychological Works of Sigmund Freud, Vol. 7,* edited by James Strachey, 125–245. London: Hogarth and the Institute of Psycho-Analysis, 1953.
———. 1913. "Totem and Taboo." In *The Standard Edition of the Complete Psychological Works of Sigmund Freud, Vol. 13,* edited by James Strachey, 1–162. London: Hogarth and the Institute of Psycho-Analysis, 1953.
———. 1927. "The Future of an Illusion." In *The Standard Edition of the Complete Psychological Works of Sigmund Freud, Vol. 21,* edited by James Strachey, 5–56. London: Hogarth and the Institute of Psycho-Analysis, 1953.
———1930. "Civilization and Its Discontents." In *The Standard Edition of the Complete Psychological Works of Sigmund Freud, Vol. 21,* edited by James Strachey, 59–145. London: Hogarth and the Institute of Psycho-Analysis, 1953.
Gallagher, Shaun. 2005. *How the Body Shapes the Mind.* Oxford: Oxford University Press.
Gallagher, Shaun, and Andrew Meltzoff. 1996. "The Earliest Sense of Self and Others: Merleau-Ponty and Recent Developmental Studies." *Philosophical Psychology* 9: 211–33.
Geraets, Théodore F. 1971. *Vers une nouvelle philosophie transcendantale: La genèse de la philosophie de Maurice Merleau-Ponty jusqu'à la Phénoménologie de la perception.* The Hague, Netherlands: Martinus Nijhoff.
Gergely, György. 2004. "The Development of Understanding Self and Agency." In *Blackwell Handbook of Childhood Cognitive Development,* edited by Usha Goswami, 26–46. London: Blackwell.

Gibson, James. 1966. *The Senses Considered as Perceptual Systems*. Boston: Houghton-Mifflin.
Goldstein, Kurt. 1995. *The Organism*. New York: Zone Books. (Originally published in 1934.)
Goldstein, Kurt, and Adhémar Gelb. 1918. "Psychologische Analysen hirnpathologischer Fälle auf Grund von Untersuchungen Hirnverletzer." *Zeitschrift für die gesamte Neurologie und Psychiatrie* 41: 1–142.
Gopnik, Alison. 2009. *The Philosophical Baby*. New York: Farrar, Straus and Giroux.
Gopnik, Alison, and Andrew Meltzoff. 1997. *Words, Thoughts, and Theory*. Cambridge, Mass.: MIT Press.
Gopnik, Alison, and Virginia Slaughter. 1991. "Young Children's Understanding of Changes in Their Mental States." *Child Development* 62: 98–110.
Grandin, Temple, and Margaret M. Scariano. 1986. *Emergence: Labeled Autistic*. New York: Warner Books.
Grosz, Elizabeth. 1994. *Volatile Bodies: Toward a Corporeal Feminism*. Bloomington: Indiana University Press.
Guillaume, Paul. 1971. *Imitation in Children*. Translated by E. P. Halperin. Chicago: University of Chicago Press. (Originally published in 1926.)
Happé, Francesca. 1995. *Autism: An Introduction to Psychological Theory*. Cambridge, Mass.: Harvard University Press.
Hegel, G. W. F. 1953. *Reason in History*. Translated by R. S. Hartman. Indianapolis: Library of Liberal Arts. (Originally presented in 1853.)
Heidegger, Martin. 1962. *Being and Time*. Translated by J. MacQuarrie and E. Robinson. London: SCM. (Originally published in 1927.)
Huang, I. 1943. "Children's Conception of Physical Causality." *Journal of Genetic Psychology* 63: 71–121.
Husserl, Edmund. 1970. *The Crisis of European Sciences and Transcendental Phenomenology*. Translated by David Carr. Evanston, Ill.: Northwestern University Press. (Originally published in 1936.)
———. 1977. *Phenomenological Psychology*. Translated by John Scanlon. The Hague, Netherlands: Martinus Nijhoff. (Original work presented in 1925.)
———. 1981. "Universal Teleology." In *Husserl, Shorter Works*, translated by M. Biemel, 335–37. Notre Dame, Ind.: University of Notre Dame Press. (Original piece written in 1933.)
Irigaray, Luce. 1993. *An Ethics of Sexual Difference*. Translated by C. Burke and G. C. Gill. Ithaca, N.Y.: Cornell University Press.
Jones, Susan. 1996. "Imitation or Exploration? Young Infants' Matching of Adult Oral Gestures." *Child Development* 67, no. 5: 1952–69.
Jung, Carl. 1970. "Freud & Psychoanalysis." In *Collected Works of C. G. Jung, Vol. 4*, edited and translated by G. Adler and R. F. C. Hull. Princeton, N.J.: Princeton University Press.
Katz, Carmit, and Irit Hershkowitz. 2010. "The Effects of Drawing on Children's Accounts of Sexual Abuse." *Child Maltreatment* 15, no. 2: 171–79.
Koffka, Kurt. 1925. *The Growth of the Mind*. New York: Harcourt, Brace.
Köhler, Wolfgang. 1956. *The Mentality of Apes*. New York: Routledge. (Originally published in 1925.)

———. 1971. "An Old Pseudoproblem." In *The Selected Papers of Wolfgang Köhler,* edited by M. Henle, 140–45. New York: Liveright. (Originally published in 1929.)

Lacan, Jacques. 2001. *Livre VIII: Le Transfert (1960–1961).* Edited by Jacques-Alain Miller. Paris: Éditions du Seuil. (Original work presented in 1960–61.)

———. 2006. *Écrits.* Translated by Bruce Fink. New York: W.W. Norton.

Laplanche, Jean. 1989. *New Foundations for Psychoanalysis.* Translated by David Macy. Oxford: Blackwell.

Lillard, Angeline S., and John H. Flavell. 1992. "Children's Understanding of Different Mental States." *Developmental Psychology* 28, no. 4: 626–34.

Luquet, G. H. 1972. *Le dessin enfantin.* Paris: Delachaux et Niestlé.

Maratos, Olga. 1998. "Neonatal, Early and Later Imitation: Same Order Phenomena? In *The Development of Sensory, Motor and Cognitive Capacities in Early Infancy: From Perception to Cognition,* edited by Francesca Simion and George Butterworth, 145–60. Hove, U.K.: Psychology/Erlbaum.

Martin, Grace B., and Russell Clark. 1982. "Distress Crying in Neonates: Species and Peer Specificity." *Developmental Psychology* 18, no. 1: 3–9.

McGeer, Victoria. 2001. "Psycho-Practice, Psycho-Theory and the Contrastive Case of Autism: How Practices of Mind Become Second-Nature." http://www.ingentaconnect.com/content/imp/jcs/2001/00000008/F0030005/1210. *Journal of Consciousness Studies* 8, no. 5–7: 109–32.

Mead, Margaret. 1971. *Sex and Temperament.* New York: Harper Perennial.

Meili, Richard. 1931. "Les perceptions des enfants et la psychologie de la Gestalt." *Archives de Psychologie* 23: 25–44.

Meltzoff, Andrew, and M. Keith Moore. 1977. "Imitation of Facial and Manual Gestures by Human Neonates." *Science* 198, no. 4312: 75–78.

———. 1983. "Newborn Infants Imitate Adult Facial Gestures." *Child Development* 54: 702–9.

———. 2000. "Resolving the Debate About Early Imitation." In *Infant Development: The Essential Readings,* edited by Darwin Muir and Alan Slater, 176–81. London: Blackwell.

Meltzoff, Andrew, and Wolfgang Prinz, eds. 2002. *The Imitative Mind: Development, Evolution, and Brain Bases.* Cambridge: Cambridge University Press.

Merleau-Ponty, Maurice. 1964. *Sense and Non-Sense.* Translated by Herbert Dreyfus and Patricia Dreyfus. Evanston, Ill.: Northwestern University Press. (Originally published in 1948.)

———. 1964a. "The Child's Relations with Others." In *The Primacy of Perception,* edited by James Edie, translated by William Cobb, 96–155. Evanston, Ill.: Northwestern University Press.

———. 1964b. "Eye and Mind." In *The Primacy of Perception,* edited by James Edie, translated by Carleton Dallery, 159–90. Evanston, Ill.: Northwestern University Press. (Originally published in 1961.)

———. 1964c. "Phenomenology and the Sciences of Man." In *The Primacy of Perception,* edited by James Edie, translated by John Wild, 42–95. Evanston, Ill.: Northwestern University Press.

———. 1968. *The Visible and the Invisible*. Translated by Alphonso Lingis. Evanston, Ill.: Northwestern University Press. (Originally published in 1960.)
———. 1969. *Humanism and Terror: An Essay on the Communist Problem*. Translated by John O'Neill. Boston: Beacon. (Originally published in 1947.)
———. 1973. *Adventures of the Dialectic*. Translated by Joseph Bien. Evanston, Ill.: Northwestern University Press. (Originally published in 1955.)
———. 1979. *Consciousness and the Acquisition of Language*. Translated by Hugh J. Silverman. Evanston, Ill.: Northwestern University Press.
———. 1982–83. "The Experience of Others." Translated by Fred Evans and Hugh J. Silverman. *Review of Existential Psychology and Psychiatry* 18: 33–63.
———. 1983. *The Structure of Behavior*. Translated by Alden L. Fisher. Pittsburgh: Duquesne University Press. Referenced in text as *SB*. (Originally published in 1942.)
———. 1996a. "The Nature of Perception: Two Proposals." In *Texts and Dialogues: On Philosophy, Politics, and Culture,* edited by Hugh J. Silverman and J. Barry, Jr., translated by Forrest Williams, 74–84. Atlantic Highlands, N.J.: Humanities Press. (Original work written in 1933.)
———. 1996b. *Phenomenology of Perception*. Translated by Colin Smith. London: Routledge. Referenced in text as *PP*. (Originally published in 1945.)
———. 2001. *Psychology et pédagogie de l'enfant*. Paris: Verdier. (Original work presented in 1949–52.)
———. 2003. *Nature: Course Notes from the Collège de France*. Translated by Robert Vallier. Evanston, Ill.: Northwestern University Press. (Original work presented in 1956–60.)
———. 2004. *The World of Perception*. Translated by Oliver Davis. London: Routledge. (Original work presented in 1948.)
———. 2010. *Child Psychology and Pedagogy: The Sorbonne Lectures 1949–1952*. Translated by Talia Welsh. Evanston, Ill.: Northwestern University Press. Referenced in text as *CPP*. (Original work presented in 1949–52.)
Moran, Dermot. 2000. *Introduction to Phenomenology*. New York: Routledge.
Morgenstern, Sophie. 1937. *Psychanalyse infantile: Symbolisme et valeur clinique des créations imaginatives chez l'enfant*. Paris: Les Éditions Denoël.
Nadel, Jacqueline, and George Butterworth, eds. 1999. *Imitation in Infancy*. Cambridge: Cambridge University Press.
Nagel, Thomas. 1974. "What Is It Like to Be a Bat?" *Philosophical Review* 83, no. 4 (October): 435–50.
Neisser, Ulric. 1988. "Five Kinds of Self Knowledge." *Philosophical Psychology* 1, no. 1: 35–59.
O'Connor, Flannery. 1969. *Mystery and Manners*. New York: Farrar, Straus and Giroux.
Oksala, Johanna. 2004. "What Is Feminist Phenomenology? Thinking Birth Philosophically." *Radical Philosophy* 26 (July/August): 16–22.
———. 2006. "A Phenomenology of Gender." *Continental Philosophy Review* 39: 229–44.

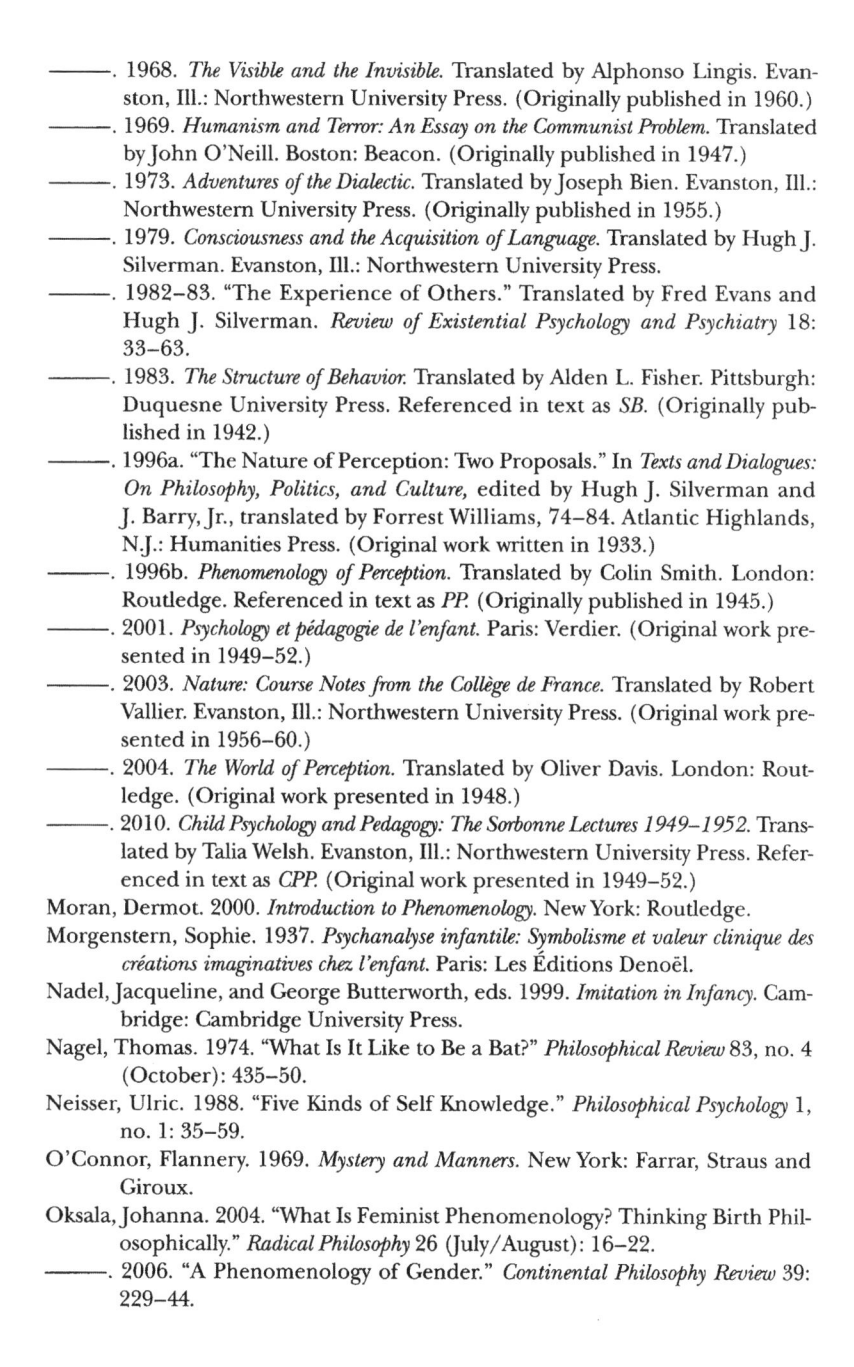

Onishi, Kristine H., and Renee Baillargeon. 2005. "Do 15-Month-Old Infants Understand False Beliefs?" *Science* 308 (April 8): 255–58.
Perner, Josef. 1991. *Understanding the Representational Mind*. Cambridge, Mass.: MIT Press.
Piaget, Jean. 1962. *Play, Dreams, and Imitation in Childhood*. Translated by C. Gattegno and F. M. Hodgson. New York: Norton.
———. 1999. *Judgment and Reasoning in the Child*. Translated by M. Warden. London: Routledge.
Pinker, Steven. 2002. *The Blank Slate: The Modern Denial of Human Nature*. London: Penguin.
Poincaré, Henri. 1952. *Science and Method*. Translated by Francis Maitland. New York: Dover. (Originally published in 1908.)
Politzer, Georges. 1968. *Critique des fondements de la psychologie: La psychologie et la psychanalyse*. Paris: Presses Universitaires de France. (Originally published in 1928.)
Ponge, Francis. 1942. *Le parti pris des choses*. Paris: Gallimard.
Povinelli, Daniel, Keli Landau, and Helen K. Perilloux. 1996. "Self-Recognition in Young Children Using Delayed Versus Live Feedback: Evidence of a Developmental Asynchrony." *Child Development* 67: 1540–54.
Rochat, Philippe. 2001. *The Infant's World*. Cambridge, Mass.: Harvard University Press.
Rochefoucauld, François de la. 1930. *Moral Maxims and Reflections (1665–1678)*. Translated by G. Powell. New York: F. A. Stokes.
Sartre, Jean-Paul. 1956. *Being and Nothingness*. Translated by H. E. Barnes. New York: Philosophical Library. (Originally published in 1943.)
———. 1965. *Situations*. Translated by Benita Eisler. New York: George Braziller.
Shinn, Milicent Washburn. 1893. *Notes on the Development of a Child*. Berkeley: University of California Press.
Silverman, Hugh, and James Barry, Jr. 1996. Introduction to *Texts and Dialogues: On Philosophy, Politics, and Culture*, by Maurice Merleau-Ponty, xiii–xxi. Atlantic Highlands, N.J.: Humanities Press.
Stawarska, Beata. 2009. *Between You and I: Dialogical Phenomenology*. Athens: Ohio University Press.
Stendhal. 1957. "Concerning the Education of Women." In *Love*, translated by Gilbert Sale and Suzanne Sale. London: Merlin. (Originally published in 1822.)
Stoller, Silvia. 2000. "Reflections on Feminist Merleau-Ponty Skepticism." *Hypatia* 15, no. 1: 175–82.
Sullivan, Shannon. 1997. "Domination and Dialogue in Merleau-Ponty's *Phenomenology of Perception*." *Hypatia* 12, no. 1: 1–19.
Van der Meer, A. L. H., F. R. Van der Weel, and D. N. Lee. 1996. "Lifting Weights in Neonates: Developing Visual Control of Reaching." *Scandinavian Journal of Psychology* 37, no. 4: 424–36.
Varela, Francisco. 1996. "Neurophenomenology: A Methodological Remedy for the Hard Problem." *Journal of Consciousness Studies* 3, no. 4: 330–49.

Wallon, Henri. 1963. *Les origines de la pensée chez l'enfant.* Paris: Presses Universitaires de France. (Originally published in 1945.)
Weiss, Gail. 1999. *Body Images: Embodiment as Intercorporeality.* London: Routledge.
———. 2002. "The Anonymous Intentions of Transactional Bodies." *Hypatia* 17, no. 4: 187–200.
Wellman, Henry M., David Cross, and Julanne Watson. 2001. "Meta-Analysis of Theory-of-Mind Development: The Truth About False Belief Child Development." *Child Development* 72, no. 3 (May/June): 655–84.
Welsh, Talia. 2008. "The Developing Body: A Reading of Merleau-Ponty's Conception of Women in the Sorbonne Lectures." In *Intertwinings: Interdisciplinary Encounters with Merleau-Ponty,* edited by Gail Weiss, 45–59. Albany, N.Y.: SUNY Press.
Wertheimer, Max. 1925. "Über Gestalttheorie." *Symposium* 1: 19–20.
Young, Iris. 1990a. "Pregnant Embodiment: Subjectivity and Alienation." In *Throwing Like a Girl and Other Essays in Feminist Philosophy and Social Theory,* 160–74. Bloomington: Indiana University Press.
———. 1990b. "Throwing Like a Girl." In *Throwing Like a Girl and Other Essays in Feminist Philosophy and Social Theory,* 141–59. Bloomington: Indiana University Press.
———. 1998. "'Throwing Like a Girl': Twenty Years Later." In *Body and Flesh: A Philosophical Reader,* edited by Donn Welton, 286–90. London: Blackwell.
Zahavi, Dan. 1999. *Self-Awareness and Alterity: A Phenomenological Investigation.* Evanston, Ill.: Northwestern University Press.

# 索引*

action, 5–6, 7
adualism, 50, 81, 99, 102
adults/adult experience, 7, 14, 24, 61, 105; childhood traumas relived by, 36–37; child's experience continued in, xi, xxii, 12, 19, 50; Gestalt theory and, 35; objectivity of, 10; oculocentrism of, 115; perception compared with that of children, 11
"Adult's View of the Child, The" (Merleau-Ponty lecture), 62–63
*Adventures of Dialectic* (Merleau-Ponty), 138n
ambivalence, xviii, 37, 38–39, 141
animals, 4, 5, 76, 82; anthropomorphizing views of, 74–75; awareness and self-awareness in, 74–75; children compared to, 23; experience of positive and negative situations, 9; instinct, 12; mirrors and, 62, 63
Anisfeld, Moshe, 84–85, 87
anthropology, xiv, 22, 23, 102, 120; cultural relativism and, 125; on attitudes toward women's strength, 134
aphasia, 32
arousal hypothesis, 85
Asendorpf, Jens B., 94–95
Asperger's syndrome, 96
autism spectrum, 83, 86–87, 91; false belief tests and, 92; interaction theory and, 98; organization of relevant/non-relevant data, 96

Bachelard, Gaston, 36
Baillargeon, Renee, 92
Beauvoir, Simone de, xxi, 129, 135, 136, 142
behavior, 26, 36; delusional, 43; pathological, 14, 16; physiology and, 31; subjective individual experience and, 22–23

behaviorism, 13
*Being and Nothingness* (Sartre), 117
being-in-the-world, 9, 14, 68, 126
Bergson, Henri, 5–7, 31
Bernet, Rudolf, 29
*Between You and I: Dialogical Phenomenology* (Stawarska), 99
Bigwood, Carol, 141–42
biology, 3, 125
birth, 20–21, 141
Bloom, Paul, 81
body, the, 3, 41, 64; body image disorders, 75; body schema and infant perception, 46–47; disintegration of boundary with mind, xiii; gender and, 146; imitation behavior and, 75–76, 80–81; mirror stage and, 61–71; objectification of, 49; perceptions and, 52; primitive body image, 78; psychology and, 25; self-awareness and, 61–62, 79; senses and, 56–57; sexuality and body consciousness, 39; vitalism and, 31. *See also* menstruation; pregnancy
Bordo, Susan, 143
Brunschvicg, Léon, 5
Butler, Judith, 141
Butterworth, George, 78, 81, 88

Cassirer, Ernst, 11
Castillo, Marcela, 78
Cézanne, Paul, 124, 149, 150
character, xii
child development, xiii, xiv, 106, 126; anticipation and regression in, 40, 41; cultural differences and, 120; as dynamic process, 35; pathological experience and, 41–42; psychoanalytic theories of, xvi–xvii, 36; scientific psychology and, 36

---

\* 本索引为原书索引，其中的页码为本书的边码。

*Child Development* (journal), 94
child psychology, xiv, xxi, 3, 4, 9, 88; concrete experiments in, 151; as diverse and specialized field, xi; mentalistic presuppositions in, 99
*Child Psychology and Pedagogy: The Sorbonne Lectures 1949–1952* (Merleau-Ponty), xiv, xv, xviii
children: animals compared to, 23; with autism, 83, 86–87, 91, 92, 96; creative expression in, xx–xxi; ignorance of boundary between self and others, 54–55; imitation behavior, 55, 61; interaction and understanding of, xiv; intersubjective bond with others, 48; magical explanations and, 107–13, 117; other people as subjects and, 52; pansexuality of, 39; play behavior of, 40, 41, 49; romantic ethos and, 147; theory of mind and, 82–83; time delay and self-identification, 93–94
children, "egocentrism" of, 10, 11, 18, 19, 54, 55; relationship to one's own body and, 61; situated aspect of experience and, 67–68; as unawareness of other perspectives, 101
child's experience, xi, xviii, 4, 23–24, 105, 147; adult artist and, 149; continuation in adult experience, xii, xxii, 12, 19, 50, 151; embodiment and, 34; as engaged and organized, 114; forces shaping development and, 23; Gestalt theory and, 32–33; psychoanalytic understanding of, 35, 39–40; as rooted and coherent, xx; socially interactive nature of, xiv; traumatic memories and, 16; "ultra-things" notion and, 111–12; as unique, 23, 26. *See also* infant perception
"Child's Relation with Others, The" (Merleau-Ponty lecture), xv, 62
*Civilization and Its Discontents* (Freud), 36
Claparède, Édouard, 117
Clark, Russell, 101
class, social, 108, 119, 120, 129, 138, 145
Cobb, William, xv
common sense, 30
complexes, psychological, 42–43
consciousness, 27, 49; action of, 7; child versus adult, 11; definition of, 7; in Gestalt theory, 38; "neither self nor other," 103–4; pathological, 43; uniqueness of, 4, 6
*Consciousness and the Acquisition of Language* (Merleau-Ponty), xv
coordination, 10
coupling, 45–46
*Critique des fondements de la psychologie* (Politzer), 12–13, 36, 119
culture, xii, 47, 48, 128, 129–130, 137; cultural relativism, 125, 148; romantic ethos and, 147

Darwinian theory, 22
death, child's understanding of, 112
Derrida, Jacques, 140
Descartes, René, 20, 146
*Descartes' Baby* (Bloom), 81
Deutsch, Hélène, 129
development. *See* child development; human development
dialectic, 6, 8, 9
dialogical phenomenology, 99–101, 102
Dillon, M. C., 57, 58, 59
Diprose, Rosalyn, 141, 145
Doherty, Martin J., 92
double identification, 63, 65
drawings, by children, 114–24
dreams, 18, 19, 20, 37
drive, in Freudian theory, 12
dualism, 27, 81, 82, 142, 146

education, 35
ego, 49, 62; boundaries with others, 50; face-to-face interactions and, 100; intersubjectivity and, 58; mirror stage and, 66, 70; other and, 46; transcendental, 99
Electra complex, 35–36
El Greco, 130
embodiment theory, feminist, 142, 145, 146
emotions, 18, 53, 54, 74, 75, 129
empiricism, 26–27
environment, xii, 97, 98
epistemology, xiii
essentialism, 145
*Ethics of Sexual Difference, The* (Irigaray), 139

evolution, 22, 77
existentialism, xviii, 125
experience, 3, 8, 55–56; animal life and, 4; background experience concept, xvi–xvii, xviii, xix, 64; childhood and adult experience, xi; feminist theory and, 137, 138, 139–40, 142–44, 145; individual subjectivity and, 22–23; instinctual relationship with world and, 5; I-you relationship and, 100; language and, 17; perception and, 9, 19–20; philosophical theories' origin in, 27; prediscursive, 139, 141; primal, 21, 22, 44, 65, 147, 148, 151; psychoanalysis and, 37; sexual difference, 134; synesthesia and, 56, 117–18. *See also* adult experience; child's experience; lived experience
"Experience of Others, The" (Merleau-Ponty lecture), 102–3
"Eye and Mind" (Merleau-Ponty lecture), 124, 149

facial gestures/expressions, xx, 68, 79; imitative behaviors and, 84–85, 87; mirror stage and, 61; parents and, 86; social biofeedback model, 86
false belief tests, 91–92, 95, 97, 104
femininity, 136, 139
feminism, xxi, 127, 136–46
Fink, Bruce, 66
Fisher, Linda, 136–37, 145
form, 10
freedom, xii, 42, 126; of artist, 121, 130; of children, 23; development as, 126–27; of parents, 54; of women, 131, 133, 134
Freud, Sigmund, 34n, 39, 41, 46, 81, 126; Electra complex and, 35–36; on infant's response to environment, 74; instinct (drive) theory of, 12–13
Freudian theory, xviii, 12, 22; on integration of past into present, 14; latent and manifest content, 119; self-awareness in mirror stage, 70. *See also* psychoanalysis
*Future of an Illusion, The* (Freud), 36

Gallagher, Shaun, xx, 73, 77–78, 88–93, 100, 102, 148; on autism, 96; on bodily difference in sensory perception, 104; false belief tests criticized by, 97; on imitation, 104–5; on Merleau-Ponty's adualism, 99; "orientation" in intersubjectivity and, 103
gaze, of the other, 18
Gelb, Adhémar, 11, 125n
gender, xxi, 127, 138, 142, 145; social-political understanding of, 146; stereotypes associated with, 134, 135–36
*Gender Trouble* (Butler), 141
generality, 26
genetics, xii
Gergely, György, 86
Gestalt, 8, 67, 117
Gestalt theory, xiii, 3, 7, 9, 22, 31–35, 123; background experience concept, xvi–xvii, xviii, 37, 44, 118; child's experience and, xiv; Goldstein's critique of, 14; integrative approach to, 43–44; perception and, 20, 122; phenomenology united with, 10; pre-intellectual unity of things in, 124
Gibson, James, 81
Goldstein, Kurt, 11, 14, 26, 31–32, 125n, 135
Gopnik, Alison, 82, 83, 84, 89, 94
Grandin, Temple, 98
Grosz, Elizabeth, 139, 142, 143–44, 145
Guillaume, Paul, 55, 81, 103, 104
Gurwitsch, Aron, 11

hallucinations, 19, 43, 107, 143
Hegel, G.W.F., 6, 16n, 126
Heidegger, Martin, 3, 27
heterosexuality, 41, 129
history, 125, 145, 147
horizon, 37
*How the Body Shapes the Mind* (Gallagher), 78, 89
Huang, I., 108–9
human condition, xi, xiv, 28–29, 129; child's experience and, xxii; as historical and embodied condition, xvi; origin of philosophies in, xviii; primordial experience and, 30; psychology and, 25; science and understanding of, xii, 148; scientific psychology and, 26; social world and, 48

· 249 ·

human development, xii, 15–21, 26, 32, 126–27, 151; adaptability of, 84; menstruation and, 127–31; overgeneralization of, xvii; phenomenology and, 88; trauma and pathology, 14–15
*Humanism and Terror* (Merleau-Ponty), xv, 138n
human order, 5, 6, 8
"Human Sciences and Phenomenology" (Merleau-Ponty lecture), 28
Husserl, Edmund, xiii, xviii, 3, 9, 118; "coupling" notion, 45–46; horizon concept, 37; on intersubjectivity, 58, 103–4; phenomenology of, 24, 44; on pregnancy, 132; prescientific experience and, 30; psychology's connection with phenomenology and, 27, 29

idealism, philosophical, 5, 31
identity, 63
imitation, neonatal, 46, 55, 61, 72, 73–82; interaction theory and, 90; later imitation by infants and, 87; primary consciousness of interpersonal self and, 88; self-consciousness and, 104; synchronic imitation, 94–95, 97; tongue protrusion studies and, 84–86
*Imitative Mind, The* (Meltzoff and Prinz, eds.), 80
individuality, 23, 47, 51
infant perception, xvii, 7–9, 73, 123; body schema and, 46–47; Gestalt theory and, 33; goal direction and, 90; imitation behavior, 73–82; intersubjective behavior and, xix–xx; mind-body split absent from, 57; motor control and, 78; other-awareness, 53–54; self and world not distinguished, 45; self-awareness and, 61, 95; structuration and, 14; theory of mind and, 82–88. *See also* child's experience
instinct, 5, 12–13
intelligence, 5, 33–34, 49, 63
intentionality, 53, 77, 138
interaction theory, xx, 73, 88, 96, 102; contextual self-identification and, 93; false belief tests and, 97–98; pragmatism of, 90
intersubjectivity, xii, xviii, 17, 48, 98, 151; access to minds of others and, 90; adult, 50, 51, 96; false belief tests and, 104; immersion in the world and, 19; in infants, xix–xx, 57, 72, 89; interaction theory and, xx, 73, 88, 96, 97–98; mirror stage and, 60, 65, 69–70; "orientation" in, 103; precociousness of, 102; as shared experience, 46; theory of mind and, 72, 73, 74, 82, 84, 92
introspectionism, 25
Irigaray, Luce, 139, 140, 141

Jones, Susan, 85, 86, 87
Jung, Carl, 36

Kern, Iso, 29
kinesthesia, 51
Klein, Melanie, xvi
Koffka, Kurt, 123
Köhler, Wolfgang, 10, 11
Kristeva, Julia, 140

Lacan, Jacques, xvi, 36, 42, 59, 62, 71; on children's sexuality, 39, 40; mirror stage theory, xix, 45, 65–67, 70; on Narcissus myth, 70; split subject and, 140
language, xii, 8, 69, 70, 122; as bodily, lived experience, 17; experience represented by, 38; pre-linguistic foundation of, 101; social world and, 47
Laplanche, Jean, xvi
Lee, D. N., 78
lived experience, 3, 25, 55; Gestalt theory and, 22, 31; judgments and, 149; mirror stage and, 67, 68, 70; pathology as part of, 37–38; structuration and, 17; syncretic initial nature of, 59; theory and, 27, 28
Luquet, G. H., 121–22

magic, 103, 107–13, 117
Maratos, Olga, 87
Marbach, Eduard, 29
Martin, Grace, 101
Marxism, 22, 119
masculinity, 135–36
materialism, 31, 32
maturity/maturation, xxi, 19, 39, 41, 128, 132

McGeer, Victoria, 86–87
Mead, Margaret, 135
meaning, 27, 119, 150
*Meditations on First Philosophy* (Descartes), 20
Meili, Richard, 117
Meltzoff, Andrew, 74, 76–80, 82, 83, 85, 88–89
memory, 77, 94
menstruation, xxi, 41, 128–31, 132, 136
mental illness, 43
*Mentality of Apes* (Köhler), 10
Merleau-Ponty, Maurice, xi, 3–4; on Bergson, 6–7; on development, 15–21; feminist perspectives and, 136–46; Freudian theory and, 12, 35–36, 39; Husserl and, xiii, 27, 28, 103–4; on infant perception, 7–9; on mirror stage, 61–71; on origin of pathology, xvii; on Piaget, 33, 108–9; research project of, 9–10; on scientific "objectivity," xii; on sexual difference, 134–35; Sorbonne lectures of, xiv, xv–xvi, 12, 22, 23
metaphysics, 149
Mill, John Stuart, 24
mind, theory of, 72, 73, 77, 82–88; false belief tests and, 91, 92; interaction theory contrasted with, 98–99; intersubjectivity and, 96; mentalistic presuppositions of, 93; time delay and self-identification, 93–94
"Mirror Stage, The" (Lacan), 67
mirror stage theory, xix, 45, 59–70, 89
Moore, M. Keith, 74, 76–77, 81, 85
Moran, Dermot, 11
Morgenstern, Sophie, 119
mother-infant interaction, 8, 9, 100, 101
motivation, xii

Nagel, Thomas, 19
nature–nurture conflict, 125–26
Neisser, Ulric, 81
neurology, xii, 9, 10, 23, 31
Nietzschean thought, 22

objectivity, 13, 19, 25, 35
O'Connor, Flannery, xi
oculocentrism, 57, 115, 139
Oedipus complex, 40

*Organism, The* [*Der Aufbau des Organismus*] (Goldstein), 14
Oksala, Johanna, 138, 142, 145, 146
Onishi, Kristine, 92
"Only Tongue Protrusion Modeling Is Matched by Neonates" (Anisfeld), 84–85
optical illusions, 32
order of life, 132, 133, 136, 139, 141
organization, perceptual, 10
others/otherness, 45, 54; infants' understanding of self and other, 72, 76, 77; mirror stage and, 60, 70; other-awareness, 97, 98; subjectivities of others, 52

parents: mimicry of facial expressions, 86; mirror stage and, 59–60, 63–64, 65, 66
pathology, 14–15, 16, 32, 37–38, 42–43
perception, 5, 7, 16, 140, 150; adult, 114, 118, 122, 123, 124; body image and, 81; of children and adults, 11; children's logic of, 106; dialectical nature of, 9; drawings by children and, 114, 115, 118, 120–23; Gestalt theory and, 10, 32; hallucinations differentiated from, 43; intelligence and, 33–34; language and, 69, 70; nascent, 7–15; normative nature of, 8, 9; phenomenology and, 28; primal/primordial, 57; "scientific" status of, 19; senses and, 56–57; structure within, 13; synesthetic, xxi; "telepathic," 102–3. *See also* infant perception
Perner, Josef, 82
*Phenomenological Psychology* (Husserl), 29
phenomenology, 3, 9, 22–30, 150; dialogical, 99–101; existentialism and, xviii, 102; as exploration of child's world, xii; feminist, 143, 145; gender and, 136; gender-neutral, xxi; Gestalt theory united with, 10; integrative approach to, 43–44; lived experience and, 139; neonatal imitation studies and, 88; postmodernism and, xiii; psychology in convergence with, xvii, 27; subject-centered, 50; of subjectivity, xx
"Phenomenology and the Sciences of Man" (Merleau-Ponty lecture), xv

· *251* ·

*Phenomenology of Perception* (Merleau-Ponty), xvii, 3, 27, 103, 125, 145; on childhood and adult experiences, 50; on embodied self, 140; on freedom and embodiment, 126; on gendered experience, 137–38; Gestalt theory in, 32; Husserl's influence and, xiii; on others' subjectivities, 52; on perception's grounding role, 16–17; on prescientific experiential world, 29; on scientific methodology, 24–25; on self and primordial existence, 57

*Philosophical Baby, The* (Gopnik), 84

philosophy, xvii, 7, 71, 148, 151; human sciences and, 28; neo-Kantian, 5, 9, 11; oculocentrism and, 57; psychology integrated with, 11, 24, 29–30; sciences and, 3, 4–5

physiology, 10, 25, 31, 128, 132

Piaget, Jean, xv, 10, 19, 81; on child as natural metaphysician, xx, 110; Gestalt theory and, 33–34; on imitation and infant's body schema, 46; on infant's response to environment, 74; on magical explanations by children, 108–9; psychology of cognition, 63; stage-theory of, 17, 51, 83, 126

Picasso, Pablo, 118, 120

Poincaré, Henri, 5

Politzer, Georges, 12–13, 14, 36, 119

Ponge, Francis, 118

positivism, 24

postmodernism, xiii

poststructuralism, 112, 141

Povinelli, Daniel, 93, 94

pregnancy, xxi, 127, 130, 131–36, 139–146

*Primacy of Perception, The* (Merleau-Ponty), xv

Prinz, Wolfgang, 80, 83

*Psychanalyse infantile* (Morgenstern), 119

psychiatry, xii

psychoanalysis, xiii, xvi, 22, 26, 35–44, 71, 102; ambivalence and the unconscious, xviii; causality and, 12; diagnosis of children's disorders, 116; drawings by children and, 118–19; feminist theory and, 141; integrative approach to, 43–44; of lived experience, 139; split subject and, 140. *See also* Freudian theory

psychology, xii, 3, 7, 44, 125, 151; of cognition, 63; cultural overdetermination and, xii–xiii; developmental, xvi; diagnosis of children's disorders, 116; experimental, xvi, 9, 23; objective (scientific), 13, 26, 32, 148; oculocentrism and, 57; phenomenology in convergence with, xvii, 27; philosophy integrated with, 11, 24

*Psychology of Women, The* (Deutsch), 129

puberty, 41

"Question of Method in Child Psychology, The" (Merleau-Ponty), 54–55, 63, 81

race, 137, 138, 145

reciprocity, 57–58

representation, 77, 93, 95, 96, 115, 121

repression, 15

research, experimental, xiv, 44, 82

Rochat, Philippe, 101

romanticism, 147

rouge test, 93–94

Sartre, Jean-Paul, 36, 117, 147

Scheler, Max, 27

Schneider (brain-damaged patient), 11, 125, 137

*Science and Method* (Poincaré), 5

sciences, 146, 148; Darwinian revolution in, 22; division with philosophy, 4–5; human sciences, xviii, 28–29; magic and scientific thinking and, 107–13; methodology of, 24; "objectivity" of, xii, 31

scientism, 31, 44

*Second Sex, The* (Beauvoir), 129, 136

*Selected Papers* (Köhler), 10

self, birth of, 44, 54, 58–71; innate sense of selfhood, 45; mirror stage and, 60, 82; primordial existence and, 57

*Sense and Non-Sense* (Merleau-Ponty), xv

"Sense of Self and Others, The" (Gallagher and Meltzoff), 77–78

sexuality, 22, 39, 40–41, 119, 129, 137

Silverman, Hugh J., xv

Skinner, B. F., 74

Slaughter, Virginia, 94

sociology, xiv, 102, 125

speech, 6, 17, 23, 99
spiritualism, 5
Stawarska, Beata, xx, 73, 88, 102, 105, 148; dialogical phenomenology of, 99–101; "orientation" in intersubjectivity and, 103
Stendhal, 134, 135
stereotypes, gender, 134, 135–36
Stoller, Silvia, 138
*Structure of Behavior, The* (Merleau-Ponty), xvii, 3, 9, 17, 123; on artist's vision, 149; on child and adult behavior, 50; on earliest experience of life, 4; Freudian theory and, 12, 13; Gestalt theory in, 32
structure/structuration, 7, 10, 14–15, 16, 123
subjectivity, xx, 47; adult, 77; childhood and formation of, xiii; emergence of, 63; mirror stage and, 70; other-identification alongside, 53; syncretic primordial stage and, 71; transcendental, 58
Sullivan, Shannon, 137, 138
symbolic order, 14
symbolization, 8, 118, 119
synchronic imitation, 94–95, 97
syncretic sociability, xix, xx, xxi, 45, 71, 74; critique of, 88–89; dualism and, 81; as ego living in others, 49–50; feminist theory and, 141; infantile, 47; intersubjectivity and, 102; "precommunication" and, 55, 89; primal experience as, 148; as shared experience, 52–53; uniqueness of, 105
synesthesia, 56–57, 114, 117–18

*Three Essays on the Theory of Sexuality* (Freud), 36

"Throwing Like a Girl" (Young), 138–39, 144
"Throwing Like a Girl: Twenty Years Later" (Young), 144
*Totem and Taboo* (Freud), 36
traumas, childhood, xiii, xvii, 14, 16, 36, 43
truth, 5, 8, 22, 125

"Über Gestalttheorie" (Wertheimer), 11
"ultra-things" notion, 55, 111–12
*Unbearable Weight* (Bordo), 143
unconscious, Freudian, xviii, 22, 37, 38, 39

van der Meer, A. L. H., 78
van der Weel, F. R., 78
Varela, Francisco, 88
*Visible and the Invisible, The* (Merleau-Ponty), xiii, 142, 150–51
vitalism, 6, 31
vital order, 5
*Volatile Bodies* (Grosz), 143

Wallon, Henri, xix, 34n, 45, 59, 62, 67n, 68; on body image, 79; on emergence of subjectivity, 63; on self and mirror stage, 60–61; on syncretic sociability, 49–50; "ultra-things" notion, 55, 111–12
Watson, John, 13
Weiss, Gail, 138, 141, 142, 143
Wellman, Henry M., 92
Wertheimer, Max, 11
Wild, John, xv
Wordsworth, William, 48

Young, Iris Marion, 138–39, 140–41, 144

Zahavi, Dan, 99, 100

# 译后记

梅洛-庞蒂在《知觉现象学》中追随胡塞尔的助手芬克将现象学还原刻画为一种面向世界时的惊奇。对于现象学家来说,世界总是处于初生的状态,既熟悉又陌生。因此,现象学家是永远的初学者。从这个意义上来看,儿童毫无疑问正是天然的现象学家!

我们每个人都经历过童年,或许对大多数人来说,童年的经验只能沉睡在遥远的回忆中,并随着我们年龄渐长,逐步坠入遗忘的深渊。而梅洛-庞蒂通过对儿童心理学和精神分析的研究恰恰向我们揭示出,童年从未结束,它并不是只存在于过去的一个孤立的时间段。童年的经验如同氛围,氤氲在我们的生命经验的底层,用梅洛-庞蒂的刻画,它是一种"多态性"(polymorphisme),包含着朝向未来的无限分化的可能。童年的经验往往会在我们生命不同的时刻、以不同的形式涌现出来,成为我们的生命朝向过去的回溯与朝向未来的期待之间的交织,是我们的过去塑造了我们的当下,同时让我们能够朝向未来进行自我超越。正如现象学还原永远是未完成的,我们也从未完成对童年的告别。

　　我对于梅洛－庞蒂索邦时期关于儿童经验的丰富讨论的研究兴趣其实早已有之，并且我曾设想将其作为我博士论文的主要研究内容，但为了更好地理解梅洛－庞蒂关于儿童经验的讨论，我的导师刘哲老师建议我将博士研究的论题拓展到梅洛-庞蒂的主体间理论，只有对梅洛－庞蒂前后期的主体间理论模型有系统性的把握，方能真正理解儿童经验研究作为梅洛－庞蒂索邦时期探索阶段的重要内容的理论位置及其丰富内涵。因此，关于儿童经验的讨论最终成为我博士论文《自我深处的他人：梅洛-庞蒂的主体间理论》中间的一章。作为梅洛－庞蒂在索邦大学的讲课稿《儿童心理学与教育学》的英译者，塔莉娅·威尔士对于梅洛-庞蒂中期关于儿童的理论有着丰富的研究和独到的见解，她的这部专著《儿童，天然的现象学家》以梅洛－庞蒂现象学的研究为核心，同时也涵盖它和心理学、精神分析、认知科学等诸多论域的对话，对我博士论文中儿童经验部分的研究有很多启发，我非常高兴能够翻译她的这本书，让国内的读者也能了解到梅洛-庞蒂对儿童经验的研究。对儿童经验的深入探索与理解，或许能让我们更好地理解自己，也更好地理解他人，理解世界。

　　在这本书的翻译过程中，我想感谢诸多提供帮助的人。感谢刘哲老师对我的现象学研究的指导，如果没有对梅洛-庞蒂以及其他现象学传统的深入理解，我必然难以胜任这本书的翻译；也是刘哲老师亲自给作者威尔士女士写信沟通，才争取到这本书的版权,使得它最终能和中文世界的读者见面。感谢我的家人对我的现象学研究一如既往的支持与理解。感谢责编张晋旗细致用心的编辑工作。在翻译中难免存在错漏之处,恳请读者不吝指正!

吴　娱
2025年初夏于燕园